电力员工安全教育培训教材

焊接与切割安全作业

郭海燕　程丽平　司海翠　编

中国电力出版社
CHINA ELECTRIC POWER PRESS

内容提要

　　本书是《电力员工安全教育培训教材》之一，针对电力基层员工量身定做，内容紧密结合安全工作实际，不以居高临下教育者的姿态，用读者喜闻乐见的语言、生动形象的卡通人物、结合现场的工作实例，巧妙地将安全与日常工作结合在一起。追求"不是我要你安全，而是你自己想安全"的效果。主要内容包括焊接与切割基础知识、焊接与切割作业安全知识、焊接与切割作业安全技术、相关法律法规等四章内容。

　　本书是开展安全教育培训、增强员工安全意识、切实提高安全技能的首选教材，也可作为发电企业工人安全教育培训的参考资料。

图书在版编目（CIP）数据

焊接与切割安全作业／郭海燕，程丽平，司海翠编. —北京：中国电力出版社，2016.1

电力员工安全教育培训教材

ISBN 978-7-5123-8199-5

Ⅰ.①焊⋯　Ⅱ.①郭⋯　②程⋯　③司⋯　Ⅲ.①焊接–安全培训–教材 ②切割–安全培训–教材　Ⅳ.①TG4

中国版本图书馆 CIP 数据核字（2015）第 209487 号

中国电力出版社出版、发行

（北京市东城区北京站西街 19 号　100005　http://www.cepp.sgcc.com.cn）

北京九天众诚印刷有限公司印刷

各地新华书店经售

*

2016 年 1 月第一版　　2016 年 1 月北京第一次印刷

850 毫米×1168 毫米　32 开本　5.125 印张　119 千字

印数 0001—3000 册　定价 **29.00** 元

《电力员工安全教育培训教材》
编　委　会

主　编　　郭林虎

副主编　　黄晋华

编　委　　马海珍　　陈文英　　朱旌红

　　　　　程丽平　　席红芳　　康晓江

　　　　　司海翠　　杨建民　　刘鹏涛

　　　　　贾运敏　　张志伟　　郭　佳

　　　　　苗建诚　　吕瑞峰　　白建军

《《 丛书前言

　　安全生产是电力企业永恒的主题和一切工作的基础、前提和保障。电力生产的客观规律和电力在国民经济中的特殊地位决定了电力企业必须坚持"安全第一，预防为主，综合治理"的方针，以确保安全生产。如果电力企业不能保持安全生产，将不仅影响企业自身的经济效益和企业的发展，而且影响国民经济的正常发展和人民群众的正常生活用电。

　　当前，由于受安全管理发展不平衡、人员安全技术素质参差不齐等因素影响，电力企业安全工作还存在薄弱环节，人身伤亡事故和人员责任事故仍未杜绝。究其原因，主要是对安全规程在保证安全生产中的重要性认识不足，对安全规程条款理解不深，对新工艺、新技术掌握不够。因此，在强化安全基础管理的同时，持续对员工进行安全教育培训，提高员工安全意识和安全技能，始终是安全工作中一项长期而重要的内容。为了提高基层员工在新形势下安全规定的执行水平，提高安全意识，消除基层安全工作中的薄弱环节，我们组织编写了本套教材。

　　本套教材内容紧密结合基层工作实际，不以居高临下的说教姿态，而是用生动形象的卡通人物、结合现场的事故案例，巧妙地将安全教育与日常工作结合在一起，并给出操作办法和规程，教会员工执行安全规定。希望通过本套教材的学习，广大员工能了解安全生产基本知识，熟悉安全规程制度，掌握安全作业要求及措施。认识到"不是我要你安全，而是你自己想安全"。明白"谁安全，谁生存；谁安全，谁发展；谁安全，谁幸福"！

本套教材是一套结合电力生产特点、符合电力生产实际、适应时代电力技术与管理需求的安全培训教材。主要作者不仅有较为深厚的专业技术理论功底，而且均来自电力生产一线，有较为丰富的现场实际工作经验。

本套教材的出版，如能对电力企业安全教育培训工作有所帮助，我们将感到十分欣慰。由于编写时间仓促，编者水平和经验所限，疏漏之处恳请读者朋友批评指正。

编　者

《《编者的话

随着经济的增长，电力需求也越来越大，电网建设速度突飞猛进，电源结构调整不断优化，技术装备水平大幅提升，实现了跨越式发展。这对电力企业的安全生产提出了更高的要求。为此，对新进电力员工的安全教育显得越发重要。虽然各电力行业部门对新进员工的安全教育比较重视，但形式和内容却各有不同，安全教育参考资料也深浅不一。

本书参考了电力企业相关的安全培训资料，结合电力生产工作实际，从安全措施入手，详细介绍了焊接与切割基础知识、焊接与切割作业安全知识、焊接与切割作业安全技术、相关法律法规等，内容丰富，通俗易懂，可供电力企业的安全管理人员和教育培训人员开展三级安全教育工作参考，也可作为新生产人员的学习材料。

本书共分四章，由大唐太原第二热电厂郭海燕、程丽平、司海翠编写。本书插图由贺培善绘制。因时间仓促，水平有限，在编写过程中有疏漏之处，还请读者批评指正。

目 录

第一章

焊接与切割基础知识

第一节 焊接在现代工业中的
地位与发展状况

一、焊接在现代工业中的地位

在现代工业中，金属是不可缺少运用的材料。从高速行驶的飞机、火车、汽车、轮船至耐腐耐压的化工设备、航空航天等都离不开金属。焊接是一种重要的金属加工手段，几乎所有的工业行业都离不开焊接技术。可以说，焊接技术的发展水平是衡量一个国家工业生产水平和科技水平的重要标志之一，没有现代焊接技术的发展就不会有现代工业和科学技术的今天。

焊接同样在电力工业生产中发挥着非常重要的作用。发电、供电设备的更新改造、缺陷处理，都离不开焊接技术。

电力工业生产离不开焊接技术。

二、焊接发展历史

焊接技术是随着金属的应用出现并逐步发展。距今已有几千年的历史。我国是最早应用焊接技术的国家之一。根据考古发现，远在战国时期，就已经采用了焊接技术。比如在河南辉县出土的铜器中的耳、足等部件就是利用钎焊连接；到800多年前宋代科学家沈括所著的《梦溪笔谈》一书中，就提到了焊接有关的内容。

1885年出现碳弧焊，标志着近代焊接工艺的开始。20世纪初，碳极电弧焊和气焊得到应用，同时还出现了薄药皮焊条电弧焊。由于电弧相对较稳定，焊接熔池受到熔渣保护，焊接质量得到提高，手工电弧焊实用性越来越强，因此电弧焊从20世纪20年代起成为一种重要的焊接方法。

1892年前后出现了气焊。气焊时使用的是氢气与氧气的混合气体，一方面其燃烧温度较高，应用有局限，只能焊接较薄的工件；另一方面氢气是易燃易爆物，容易发生火灾爆炸事故，很不安全，因此未被广泛使用。

1930年美国的罗宾诺夫发明使用焊丝和焊剂的埋弧焊，使得焊接机械化得到进一步发展。到20世纪40年代，为适应铝、镁合金和合金钢焊接的需要，钨极和熔化极惰性气体保护焊相继问世。

1951年前苏联的巴顿电焊研究所创造电渣焊，为大厚度工件提供了高效焊接方法。

1953年，二氧化碳气体保护焊的问世，促进了气体保护电弧焊的应用和发展，出现了混合气体保护焊、药芯焊丝气渣联合保护焊和自保护电弧焊等焊接方法。

1957年美国的盖奇发明等离子弧焊；20世纪60年代又出现激光焊等离子、电子束和激光焊等先进焊接方法，使焊接技术的发展达到一个新的水平。

到目前为止，焊接已经派生出了 40 余种方法，并继续发展之中。

进入 21 世纪，随着材料从黑色金属向有色金属变化；从金属材料向非金属材料变化；从单一材料向复合材料变化的趋势，同时，随着计算机技术的不断发展，焊接已经向信息化、集成化、系统化的方面发展。

三、焊接与切割安全作业的重要性

由于在焊接与切割的操作过程中，与易燃易爆气体、电机电器的接触；涉及高处作业、密闭容器内作业；产生有毒有害粉尘、有毒有害气体弧光辐射、高频电磁场、噪声和射线等原因。在一定条件下会产生火灾、爆炸等事故；人员会受到触电、高处坠落、中毒窒息、烫伤、职业病等伤害。

国家安监总局 30 号令《特种作业人员安全技术培训考核管理规定》（2010 年 5 月 24 日颁布）对特种作业进行了明确的定义："特种作业，是指容易发生事故，对操作者本人、他人的安全健康及设备、设施的安全可能造成重大危害的作业。特种作业的范围由特种作业目录规定。"同时规定"种作业人员必须经专门的安全技术培训并考核合格，取得《中华人民共和国特种作业操作证》后，方可上岗作业。"

为确保焊接与切割作业人员的安全，国家出台了《焊接与切割安全》（GB 9448—1999），对作业人员个人防护、作业环境安

全、防火防爆等方面进行规范。焊接与切割作业人员应认真掌握焊接专业知识，深刻理解焊接安全技术措施，严格执行国家相关的标准，从而保护作业安全，避免发生事故。

第二节　焊接与切割的基本概念

一、什么是焊接

在电力设备检修工作中，常常将两个及以上的容器、管道、设备零部件等联接在一起，进行连接时有两种方法，一种是可拆卸联接，通常有螺栓、键、销联接；另一种是不可拆卸联接，常用的方法就是焊接。

焊接，就是将两种或两种以上同种或异种材料通过加热或加压，或两者并用，并且用或不用填充材料，使工件达到永固而不可拆卸的结合的方法，可分为铆接、焊接、粘接等。铆接应用较早，但它工序复杂、结构笨重、材料消耗大，已逐步被淘汰；粘接虽然工艺简单，对被粘材料的组织和性能不产生不良影响，但连接强度较低。

螺栓联接的优点是可拆卸，检修较为方便；缺点是，联接不紧密，容易产生被联接管道内介质的泄漏、或被联接的零部件的分离等问题。

焊接联接的优点是物件联连牢固永久，不容易产生管道内物质泄漏；缺点是检修拆卸时较为困难。

为了达到牢固联接的目的，通常使用焊接的方法：将被焊件彼此接近，对需要结合之处通过加热使被焊接件熔化，达到原子间能互相作用的程度，从而达到联接的不可拆卸。

二、焊接方法的分类

常用的焊接方法有电弧焊，氩弧焊，CO_2 保护焊，氧气-乙炔焊，激光焊接，电渣压力焊等。金属焊接方法达 40 种以上，按其工艺过程的特点主要分为熔焊、压焊和钎焊三大类。焊接分类如图 1-1 所示。

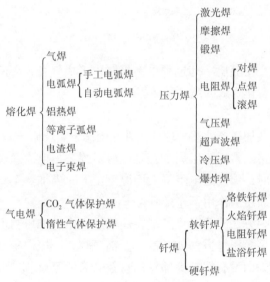

图 1-1　焊接分类

1. 熔化焊

熔化焊是在焊接过程中将工件接口加热至熔化状态，不加压力完成焊接的方法。熔焊时，热源将待焊两工件接口处迅速加热熔化，形成熔池。熔池随热源向前移动，冷却后形成连续焊缝而将两工件连接成为一体，如图 1-2 所示。

在熔焊过程中，如果大气与高温的熔池直接接触，大气中的氧就会氧化金属和各种合金元素。大气中的氮、水蒸气等进

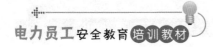

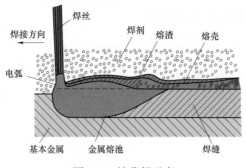

图 1-2　熔化焊示意

入熔池，还会在随后冷却过程中在焊缝中形成气孔、夹渣、裂纹等缺陷，恶化焊缝的质量和性能。

2. 压焊

压焊是在加压条件下，使两工件在固态下实现原子间结合，又称固态焊接。常用的压焊工艺是电阻对焊，当电流通过两工件的连接端时，该处因电阻很大而温度上升，当加热至塑性状态时，在轴向压力作用下连接成为一体。

各种压焊方法的共同特点是在焊接过程中施加压力而不加填充材料。多数压焊方法如扩散焊、高频焊、冷压焊等都没有熔化过程，因而没有像熔焊那样的有益合金元素烧损，和有害元素侵入焊缝的问题，从而简化了焊接过程，也改善了焊接安全卫生条件。同时由于加热温度比熔焊低、加热时间短，因而热影响区小。许多难以用熔化焊焊接的材料，往往可以用压焊焊成与母材同等强度的优质接头。

3. 钎焊

钎焊是使用比工件熔点低的金属材料作钎料，将工件和钎料加热到高于钎料熔点、低于工件熔点的温度，利用液态钎料润湿工件，填充接口间隙并与工件实现原子间的相互扩散，从而实现焊接的方法。

三、切割方法的分类

切割是利用热能或机械能将工件分割的一种加工方法。按照切割过程加热方法的不同，可把切割方法分为火焰切割、电弧切割、冷切割三类。

1. 火焰切割

（1）气割。气割是利用氧气—乙炔预热火焰使金属在纯氧气流中能够剧烈燃烧，生成熔渣和放出大量热量的原理而进行的。

（2）液化石油气切割。液化石油气切割与气割原理相同，只是使用的可燃气体为液化石油气，因燃烧特性与乙炔不同，因此使用的割炬也有所不同。

（3）氢氧源切割。氢氧源切割是利用水电解氢氧发生器，用直流电将水电解成氢气和氧气，其气体比例良好混合并完全燃烧，温度高达 2800 ~ 3000℃，很好的将切割部分熔化形成熔渣。

（4）氧熔剂切割。氧熔剂切割是在切割氧流中加入纯铁粉或其他熔剂，利用它们的燃烧热和废渣作用实现气割的方法。

2. 电弧切割

电弧切割按生成电弧的不同可分为等离子弧切割和碳弧气割两种。

（1）等离子弧切割。等离子弧切割是利用高温高速的强劲的等离子射流，将被切割金属部分熔化并随即吹除、形成狭窄的切口而完成切割的方法。

（2）碳弧气割。碳弧气割是使用碳棒与工件之间产生的电弧将金属熔化，并用压缩空气将其吹掉，实现切割的方法。

3. 冷切割

冷切割分为激光切割、水射流切割等。

（1）激光切割。激光切割是利用激光束把材料穿透，并使激光束移动而实现的切割方法。

（2）水射流切割。水射流切割是利用高压换能泵产生200～400MPa的高压水的水束动能，从而实现材料的切割的方法。

第三节　金属材料基础知识

金属定义：具特有光泽而不透明（对可见光强烈反射的结果），富有展性、延性及导热性、导电性的这一类物质。

一、金属分类方法

1. 冶金工业分类
（1）黑色金属。铁、铬、锰三种。

（2）有色金属。铁、铬、锰以外的全部金属。

2. 根据密度分类
（1）轻金属。钾、钠、钙、镁、铝等（密度小于4.5g/cm³）。

（2）重金属。锌、铁、锡、铅、铜等（密度大于4.5g/cm³）。

3. 其他
（1）常见金属。如铁、铝、铜、锌等。

（2）稀有金属。如锆、铪、铌、钽等。

二、金属材料机械性能知识

1. 金属材料机械性能基础术语
（1）屈服点（σ_s）。钢材或试样在拉伸时，当应力超过弹性极限，此时应力不增加或开始有所下降，而钢材或试样仍继续发生明显的塑性变形，称此现象为屈服，而产生屈服现象时的最小应力值即为屈服点。设 P_s 为屈服点 s 处的外力，F_o 为试样断面积，则屈服点 $\sigma_s = P_s/F_o$（MPa）。MPa 为压强单位，$1MPa = 10^6 Pa$，$1MPa = 1N/mm^2$，$1Pa = 1N/m^2$。

（2）屈服强度（$\sigma_{0.2}$）。有的金属材料的屈服点极不明显，在测量上有困难，因此为了衡量材料的屈服特性，规定产生永久残余塑性变形等于一定值（一般为原长度的 0.2%）时的应力，称为条件屈服强度或简称屈服强度 $\sigma_{0.2}$。

（3）抗拉强度（σ_b）。材料在拉伸过程中，从开始到发生断裂时所达到的最大应力值。它表示钢材抵抗断裂的能力大小。与抗拉强度相应的还有抗压强度、抗弯强度等。设 P_b 为材料被拉断前达到的最大拉力，F_o 为试样截面面积，则抗拉强度 $\sigma_b = P_b/F_o$（MPa）。

（4）抗压强度（σ_{lc}）。材料试样受压力时，在压坏前所承受的最大应力。

（5）抗弯强度（σ_{cb}）。材料试样受弯曲力时，在破坏前所承受的最大应力。

（6）伸长率（δ_s）。材料在拉断后，其塑性伸长的长度与原试样长度的百分比叫伸长率或延伸率。

（7）屈强比（δ_s/σ_b）。钢材的屈服点（屈服强度）与抗拉强度的比值，称为屈强比。屈强比越大，结构零件的可靠性越高，一般碳素钢屈强比为 0.6 ~ 0.65，低合金结构钢为 0.65 ~ 0.75，合金结构钢为 0.84 ~ 0.86。

（8）硬度。硬度表示材料抵抗硬物体压入其表面的能力。它是金属材料的重要性能指标之一。一般硬度越高，耐磨性越好。常用的硬度指标有布氏硬度、洛氏硬度和维氏硬度。

1）布氏硬度（HB）。以一定的载荷（一般 3000kg）把一定大小（直径一般为 10mm）的淬硬钢球压入材料表面，保持一段时间，去载后，负荷与其压痕面积之比值，即为布氏硬度值（HB），单位为公斤力/mm^2（N/mm^2）。

2）洛氏硬度（HR）。当 HB>450 或者试样过小时，不能采用布氏硬度试验而改用洛氏硬度计量。它是用一个顶角 120°的金刚石圆锥体或直径为 1.59、3.18mm 的钢球，在一定载荷下压入被测材料表面，由压痕的深度求出材料的硬度。根据试验材料硬度的不同，分三种不同的标度来表示。

HRA：是采用 60kg 载荷和钻石锥压入器求得的硬度，用于硬度极高的材料（如硬质合金等）。

HRB：是采用 100kg 载荷和直径 1.58mm 淬硬的钢球，求得的硬度，用于硬度较低的材料（如退火钢、铸铁等）。

HRC：是采用 150kg 载荷和钻石锥压入器求得的硬度，用于硬度很高的材料（如淬火钢等）。

3）维氏硬度（HV）。以 120kg 以内的载荷和顶角为 136°的金刚石方形锥压入器压入材料表面，用材料压痕凹坑的表面积除以载荷值，即为维氏硬度值（HV）。

2. 力学性能与可成形性及使用性能的关系

要使钢板获得所需的形状，必须使其永久变形，所采取的工艺可以是局部或整体弯曲、深冲、张拉或这些成型方法的组合。

（1）薄钢板的屈服强度表示出成形后的可成形性和强度，对普通碳素钢板的成形，屈服点值过高，常常有可能发生过大的回弹、成形时容易破断，磨具磨损快以及由于塑性不良而出现缺陷。然而材料的屈服点小于 140MPa 时，又可能经受不住成形过程中施加的应力，对用于较复杂或复杂成形加工或冲压加工的钢板，通常要求具有比较低的屈服强度值，而且屈服比值愈小，由钢板的成形性能愈好。

（2）中厚板的冷态可成形性与材料的屈服强度和伸长率有直接关系。屈服强度值愈低，产生永久变形所需的应力愈小；伸长率值愈高，高的延展性可以允许承受大的变形量而不致断裂。

（3）对用于建筑结构、桥梁及机械结构件的钢板，为防止构件断裂，要求钢板材料具有特点的抗拉强度，而为防止构件变形，又要求钢板材料具有一定的屈服强度，因此对这类用途的钢材都要求规定抗拉强度、屈服强度的最小值或范围值。

（4）对用于承受冲击负荷变形，例如船舶、桥梁、石油、天然气管线用钢板，为防止其使用中发生脆性断裂，又要求其具有一定足够高的冲击韧性-冲击功值。

三、合金元素对钢的焊接性的影响

钢的焊接性是一个很复杂的工艺性能，因为它既与焊接裂纹的敏感性有关，又与服役条件和试验温度下所要求的韧性有密切联系。

一般认为，高强度低合金钢的焊接性是良好的，并且随含碳量的降低，焊接性得到改善。

为此，国际焊接协会根据统计数据，采用碳当量为比较的基础，由加入的各元素来计算和评定钢材的焊接性能。

其近似公式为

$$碳当量 = C + Mn/6 + (Ni + Cu)/15 + (Cr + Mo + V)/5$$

式中　元素符号代表该元素重量百分比。碳当量越低，焊接性能越好。碳当量 ≤ 0.35%，焊接性能良好；碳当量 ≥ 0.4% ~ 0.5%，焊接就较困难。

第四节　焊接工艺基础知识

一、焊接接头的各类及接头型式

焊接中，由于焊件的厚度、结构及使用条件的不同，其接头型式及接口型式也有所不同。焊接接头型式有：对接接头、T型接头、角接接头及搭接接头，如图1-3所示。

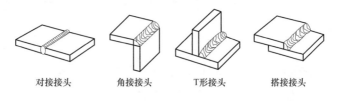

| 对接接头 | 角接接头 | T形接头 | 搭接接头 |

图1-3　焊接接头形式

对接接头：两件表面构成大于或等于135°小于或等于180°夹角的接头。在各种焊接中，它是采用较多的一种型式。

角接接头：常用于不重要的结构中。

T形接头：两件焊接件构成直角的接头。

搭接接头：两件部分重叠构成的接头。钢板厚度在6mm以下，除重要结构外一般不开坡口。

坡口是根据设计或工艺需要，在焊件的待焊部位加工并装配成一定几何形状的沟槽。

焊接坡口的形式有：I形、V形、Y形、双Y形、U形等形式，如图1-4所示。

坡口的几何尺寸有：坡口面，坡口面角度及坡口角度、根部间隙、钝边（钝边的作用）、根部半径等。

钢板厚度在6mm以下，除重要结构外一般不开坡口。

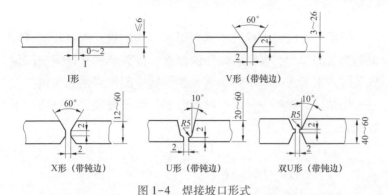

图 1-4　焊接坡口形式

　　焊缝按焊合形式分为对接焊缝、角焊缝、端接焊缝、塞焊缝、槽焊缝五种形式；按焊缝施焊位置分为平焊缝、立焊缝、横焊缝及仰焊缝；按焊缝断续分为连续焊缝和断续焊缝。

　　焊缝可用焊缝宽度、余高、熔深、焊缝厚度、焊脚、成形参数、熔合比来表示尺寸。

二、焊接工艺参数选择

1. 焊条直径

　　焊条直径的选择主要取决于焊件厚度、接头形式、焊缝位置和焊接层次等因素。在一般情况下，可根据下表按焊件厚度选择焊条直径，并倾向于选择较大直径的焊条。另外，在平焊时，直径可大一些；立焊时，所用焊条直径不超过 5mm；横焊和仰焊时，所用直径不超过 4mm；开坡口多层焊接时，为了防止产生未焊透的缺陷，第一层焊缝宜采用直径为 3.2mm 的焊条。

表 1-1　　　　　　　焊条直径与焊件厚度的关系　　　　　　　mm

焊件厚度	≤2	3~4	5~12	>12
焊条直径	2	3.2	4~5	≥15

2. 焊接电流

焊接电流的过大或过小都会影响焊接质量，所以其选择应根据焊条的类型、直径、焊件的厚度、接头形式、焊缝空间位置等因素来考虑，其中焊条直径和焊缝空间位置最为关键。在一般钢结构的焊接中，焊接电流大小与焊条直径关系可用以下经验公式进行试选

$$I = 10d^2$$

式中　I——焊接电流，A；

　　　d——焊条直径，mm。

另外，立焊时，电流应比平焊时小 15%～20%；横焊和仰焊时，电流应比平焊电流小 10%～15%。

3. 电弧电压

根据电源特性，由焊接电流决定相应的电弧电压。此外，电弧电压还与电弧长有关。电弧长则电弧电压高，电弧短则电弧电压低。一般要求电弧长小于或等于焊条直径，即短弧焊。在使用酸性焊条焊接时，为了预热部位或降低熔池温度，有时也将电弧稍微拉长进行焊接，即所谓的长弧焊。

4. 焊接层数

焊接层数应视焊件的厚度而定。除薄板外，一般都采用多层焊。焊接层数过少，每层焊缝的厚度过大，对焊缝金属的塑性有不利的影响。施工中每层焊缝的厚度不应大于4～5mm。

5. 电源种类及极性

直流电源由于电弧稳定，飞溅小，焊接质量好，一般用在重要的焊接结构或厚板大刚度结构上。其他情况下，应首先考虑交流电焊机。

根据焊条的形式和焊接特点的不同，利用电弧中的阳极温度比阴极高的特点，选用不同的极性来焊接各种不同的构件。用碱性焊条或焊接薄板时，采用直流反接（工件接负极）；而

用酸性焊条时，通常采用正接（工件接正极）。

三、常见的焊接缺陷及措施

1. 外观缺陷

外观缺陷（表面缺陷）是指不用借助于仪器，从工件表面可以发现的缺陷。常见的外观缺陷有咬边、焊瘤、凹陷及焊接变形等，有时还有表面气孔和表面裂纹。单面焊的根部未焊透等。

（1）咬边。

咬边是指沿着焊趾，在母材部分形成的凹陷或沟槽，它是由于电弧将焊缝边缘的母材熔化后没有得到熔敷金属的充分补充所留下的缺口。产生咬边的主要原因是电弧热量太高，即电流太大，运条速度太小所造成的。焊条与工件间角度不正确，摆动不合理，电弧过长，焊接次序不合理等都会造成咬边。直流焊时电弧的磁偏吹也是产生咬边的一个原因。某些焊接位置（立、横、仰）会加剧咬边。咬边减小了母材的有效截面积，降低结构的承载能力，同时还会造成应力集中，发展为裂纹源。矫正操作姿势，选用合理的规范，采用良好的运条方式都会有利于消除咬边。焊角焊缝时，用交流焊代替直流焊也能有效地防止咬边。

（2）焊瘤。

焊缝中的液态金属流到加热不足未熔化的母材上或从焊缝根部溢出，冷却后形成的未与母材熔合的金属瘤即为焊瘤。焊接规范过强、焊条熔化过快、焊条质量欠佳（如偏芯），焊接电源特性不稳定及操作姿势不当等都容易带来焊瘤。在横、立、仰位置更易形成焊瘤。焊瘤常伴有未熔合、夹渣缺陷，易导致裂纹。同时，焊瘤改变了焊缝的实际尺寸，会带来应力集中。管子内部的焊瘤减小了它的内径，可能造成流动物堵塞。防止焊瘤的措施：使焊缝处于平焊位置，正确选用规范，选用无偏芯焊条，合理操作。

（3）凹坑。

凹坑指焊缝表面或背面局部的低于母材的部分。凹坑多是由于收弧时焊条（焊丝）未作短时间停留造成的（此时的凹坑也称为弧坑），仰立、横焊时，常在焊缝背面根部产生内凹。

凹坑减小了焊缝的有效截面积，弧坑常带有弧坑裂纹和弧坑缩孔。

防止凹坑的措施：选用有电流衰减系统的焊机，尽量选用平焊位置，选用合适的焊接规范，收弧时让焊条在熔池内短时间停留或环形摆动，填满弧坑。

（4）未焊满。

未焊满是指焊缝表面上连续的或断续的沟槽。填充金属不足是产生未焊满的根本原因。规范太弱，焊条过细，运条不当等会导致未焊满。未焊满同样削弱了焊缝，容易产生应力集中，同时，由于规范太弱使冷却速度增大，容易带来气孔、裂纹等。防止未焊满的措施：加大焊接电流，加焊盖面焊缝。

（5）烧穿。

烧穿是指焊接过程中，熔深超过工件厚度，熔化金属自焊缝背面流出，形成穿孔性缺陷。

焊接电流过大，速度太慢，电弧在焊缝处停留过久，都会产生烧穿缺陷。工件间隙太大，钝边太小也容易出现烧穿现象。烧穿是锅炉压力容器产品上不允许存在的缺陷，它完全破坏了焊缝，使接头丧失其联接承载能力。选用较小电流并配合合适的焊接速度，减小装配间隙，在焊缝背面加设垫板或药垫，使用脉冲焊，能有效地防止烧穿。

（6）其他表面缺陷。

1）成形不良。成形不良指焊缝的外观几何尺寸不符合要求。有焊缝超高，表面不光滑，以及焊缝过宽，焊缝向母材过渡不圆滑等。

2）错边。错边指两个工件在厚度方向上错开一定位置，它既可视作焊缝表面缺陷，又可视作装配成形缺陷。

3）塌陷。单面焊时由于输入热量过大，熔化金属过多而使液态金属向焊缝背面塌落，成形后焊缝背面突起，正面下塌。

4）表面气孔及弧坑缩孔。各种焊接变形如角变形、扭曲、波浪变形等都属于焊接缺陷Ｏ角变形也属于装配成形缺陷。

2. 气孔和夹渣

（1）气孔。

气孔是指焊接时，熔池中的气体未在金属凝固前逸出，残存于焊缝之中所形成的空穴。其气体可能是熔池从外界吸收的，也可能是焊接冶金过程中反应生成的。

常温固态金属中气体的溶解度只有高温液态金属中气体溶解度的几十分之一至几百分之一，熔池金属在凝固过程中，有大量的气体要从金属中逸出来。当凝固速度大于气体逸出速度时，就形成气孔。

产生气孔的主要原因是母材或填充金属表面有锈、油污等，焊条及焊剂未烘干会增加气孔量，因为锈、油污及焊条药皮、焊剂中的水分在高温下分解为气体，增加了高温金属中气体的含量。焊接线能量过小，熔池冷却速度大，不利于气体逸出。焊缝金属脱氧不足也会增加氧气孔。

气孔从其形状上分，有球状气孔、条虫状气孔；从数量上可分为单个气孔和群状气孔。群状气孔又有均匀分布气孔，密集状气孔和链状分布气孔之分。按气孔内气体成分分类，有氢气孔、氮气孔、二氧化碳气孔、一氧化碳气孔、氧气孔等。熔焊气孔多为氢气孔和一氧化碳气孔。

气孔的危害主要是减少了焊缝的有效截面积，使焊缝疏松，

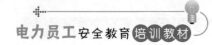

从而降低了接头的强度，降低塑性，还会引起泄漏。气孔也是引起应力集中的因素。氢气孔还可能促成冷裂纹。

防止气孔的措施如下：① 清除焊丝，工作坡口及其附近表面的油污、铁锈、水分和杂物；② 采用碱性焊条、焊剂，并彻底烘干；③ 采用直流反接并用短电弧施焊；④ 焊前预热，减缓冷却速度；⑤ 用偏强的规范施焊。

（2）夹渣。

夹渣是指焊后溶渣残存在焊缝中的现象。夹渣可分为金属夹渣和非金属夹渣。金属夹渣指钨、铜等金属颗粒残留在焊缝之中，习惯上称为夹钨、夹铜；非金属夹渣指未熔的焊条药皮或焊剂、硫化物、氧化物、氮化物残留于焊缝之中。冶金反应不完全，脱渣性不好。

根据分布与形状，夹渣还可分为单个点状夹渣，条状夹渣，链状夹渣和密集夹渣

夹渣产生的原因如下：① 坡口尺寸不合理；② 坡口有污物；③ 多层焊时，层间清渣不彻底；④ 焊接线能量小；⑤ 焊缝散热太快，液态金属凝固过快；⑥ 焊条药皮，焊剂化学成分不合理，熔点过高；⑦ 钨极惰性气体保护焊时，电源极性不当，电、流密度大，钨极熔化脱落于熔池中；⑧ 手工焊时，焊条摆动不良，不利于熔渣上浮。可根据以上原因分别采取对应措施以防止夹渣的产生。

夹渣的危害。点状夹渣的危害与气孔相似，带有尖角的夹渣会产生尖端应力集中，尖端还会发展为裂纹源，危害较大。

3. 裂纹

焊缝中原子结合遭到破坏，形成新的界面而产生的缝隙称为裂纹。

（1）裂纹的分类。

根据裂纹尺寸大小，可分为宏观裂纹、微观裂纹和超显微

裂纹。宏观裂纹即肉眼可见的裂纹。微观裂纹要在显微镜下才能发现。超显微裂纹在高倍数显微镜下才能发现，一般指晶间裂纹和晶内裂纹。

从产生温度上看，裂纹可分为热裂纹和冷裂纹。热裂纹产生于 Ac3 线附近的裂纹，一般是焊接完毕即出现，又称结晶裂纹。这种裂纹主要发生在晶界，裂纹面上有氧化色彩，失去金属光泽。冷裂纹指在焊毕冷至马氏体转变温度 M3 点以下产生的裂纹，一般是在焊后一段时间（几小时，几天甚至更长）才出现，故又称延迟裂纹。

按裂纹产生的原因分，又可把裂纹分为再热裂纹、层状撕裂和应力腐蚀裂纹。再热裂纹是指接头冷却后再加热至 500～700℃时产生的裂纹。再热裂纹产生于沉淀强化的材料（如含 Cr、Mo、V、Ti、Nb 的金属）的焊接热影响区内的粗晶区，一般从熔合线向热影响区的粗晶区发展，呈晶间开裂特征。层状撕裂主要是由于钢材在轧制过程中，将硫化物（MnS）、硅酸盐类等杂质夹在其中，形成各向异性。在焊接应力或外拘束应力的使用下，金属沿轧制方向的杂物开裂。应力腐蚀裂纹是指在应力和腐蚀介质共同作用下产生的裂纹。除残余应力或拘束应力的因素外，应力腐蚀裂纹主要与焊缝组织组成及形态有关。

（2）裂纹的危害。

裂纹，尤其是冷裂纹，带来的危害是灾难性的。世界上的压力容器事故除极少数是由于设计不合理，选材不当的原因引起的以外，绝大部分是由于裂纹引起的脆性破坏。

（3）热裂纹（结晶裂纹）。

1）热裂纹的形成机理。热裂纹发生于焊缝金属凝固末期，敏感温度区大致在固相线附近的高温区，最常见的热裂纹是结晶裂纹，其生成原因是在焊缝金属凝固过程中，结晶偏析使杂质生成的低熔点共晶物富集于晶界，形成所谓"液态薄膜"，在特定的敏感温度区（又称脆性温度区）间，其强度极小，由于焊缝凝固收缩而受到拉应力，最终开裂形成裂纹。结晶裂纹最常见的情况是沿焊缝中心长度方向开裂，为纵向裂纹，有时也发生在焊缝内部两个柱状晶之间，为横向裂纹。弧坑裂纹是另一种形态的，常见的热裂纹。

2）热裂纹都是沿晶界开裂，通常发生在杂质较多的碳钢、低合金钢、奥氏体不锈钢等材料气焊缝中。影响结晶裂纹的因素有：① 合金元素和杂质的影响碳元素以及硫、磷等杂质元素的增加，会扩大敏感温度区，使结晶裂纹的产生机会增多；② 冷却速度的影响冷却速度增大，一是使结晶偏析加重，二是使结晶温度区间增大，两者都会增加结晶裂纹的出现机会；③ 结晶应力与拘束应力的影响在脆性温度区内，金属的强度极低，焊接应力又使这飞部分金属受拉，当拉应力达到一定程度时，就会出现结晶裂纹。

3）防止热裂纹的措施：减小硫、磷等有害元素的含量，用含碳量较低的材料焊接。加入一定的合金元素，减小柱状晶和偏析。采用熔深较浅的焊缝，改善散热条件使低熔点物质上浮在焊缝表面而不存在于焊缝中。合理选用焊接规范，并采用预热和后热，减小冷却速度。采用合理的装配次序，减小焊接应力。

（4）再热裂纹。

1）再热裂纹的特征。再热裂纹产生于焊接热影响区的过热粗晶区。产生于焊后热处理等再次加热的过程中。再热裂纹的产生温度：碳钢与合金钢 550～650℃奥氏体不锈钢约 300℃。再热裂纹为晶界开裂（沿晶开裂）。最易产生于沉淀强化的钢种中。与焊接残余应力有关。

2）再热裂纹的产生机理。再热裂纹的产生机理有多种解释，其中模型开裂理论的解释如下：近缝区金属在高温热循环作用下，强化相碳化物（如碳化铁、碳化钒、碳化镜、碳化错等）沉积在晶内的位错区上，使晶内强化强度大大高于晶界强化，尤其是当强化相弥散分布在晶粒内时，阻碍晶粒内部的局部调整，又会阻碍晶粒的整体变形，这样，由于应力松弛而带来的塑性变形就主要由晶界金属来承担，于是，晶界应力集中，就会产生裂纹，即所谓的模型开裂。

3）防止再热裂纹的措施。注意冶金元素的强化作用及其对再热裂纹的影响。合理预热或采用后热，控制冷却速度。降低残余应力避免应力集中。回火处理时尽量避开再热裂纹的敏感温度区或缩短在此温度区内的停留时间。

（5）冷裂纹（延迟裂纹）。

1）冷裂纹的特征。产生于较低温度，且产生于焊后一段时间以后，故又称延迟裂纹。主要产生于热影响区，也有发生在焊缝区的。冷裂纹可能是沿晶开裂，穿晶开裂或两者混合出现。冷裂纹引起的构件破坏是典型的脆断。

2）冷裂纹产生机理。淬硬组织（马氏体）减小了金属的塑性储备。接头的残余应力使焊缝受拉。接头内有一定的含氢量。含氢量和拉应力是冷裂纹（这里指氢致裂纹）产生的两个重要因素。一般来说，金属内部原子的排列并非完全有序的，而是有许多微观缺陷。在拉应力的作用下，氢向高应力区（缺陷部位）扩散聚集。当氢聚集到一定浓度时，就会破坏金属中原子的结合键，金属内就出现一些微观裂纹。应力不断作用，氢不断地聚集，微观裂纹不断地扩展，直至发展为宏观裂纹，最后断裂。决定冷裂纹的产生与否，有一个临界的含氢量和一个临界的应力值。当接头内氢的浓度小于临界含氢量，或所受应力小于临界应力时，将不会产生冷裂纹（即延迟时间无限长）。在所有的裂纹中，冷裂纹的危害性最大。

3）防止冷裂纹的措施。采用低氢型碱性焊条，严格烘干，在 100~150℃下保存，随取随用。提高预热温度，采用后热措施，并保证层间温度不小于预热温度，选择合理的焊接规范，避免焊缝中出现淬硬组织。选用合理的焊接顺序，减少焊接变形和焊接应力。焊后及时进行消氢热处理。

4. 未焊透

未焊透指母材金属未熔化，焊缝金属没有进入接头根部的现象。

（1）产生未焊透的原因。焊接电流小，熔深浅。坡口和间隙尺寸不合理，钝边太大。弧偏吹影响。焊条偏芯度太大。层间及焊根清理不良。

（2）未焊透的危害。未焊透的危害之一是减少了焊缝的有效截面积，使接头强度下降。其次，未焊透引起的应力集中所造成的危害，比强度下降的危害大得多。未焊透严重降低焊缝的疲劳强度。未焊透可能成为裂纹源，是造成焊缝破坏的重要原因。未焊透引起的应力集中所造成的危害，比强度下降的危害大得多。未焊透严重降低焊缝的疲劳强度。未焊透可能成为裂纹源，是造成焊缝破坏的重要原因。

（3）未焊透的防止。使用较大电流来焊接是防止未焊透的基本方法。另外，焊角焊缝时，用交流代替直流以防止弧偏吹，合理设计坡口并加强清理，用短弧焊等措施也可有效防止未焊透的产生。

5. 未熔合

未熔合是指焊缝金属与母材金属，或焊缝金属之间未熔化结合在一起的缺陷。按其所在部位，未熔合可分为坡口未熔合、层间未熔合根部未熔合三种。

（1）产生未熔合缺陷的原因。焊接电流过小；焊接速度过快；焊条角度不对；产生了弧偏吹现象；焊接处于下坡焊位置，母材未熔化时已被铁水覆盖；母材表面有污物或氧化物影响熔敷金属与母材间的熔化结合等。

（2）未熔合的危害。未熔合是一种面积型缺陷，坡口未熔合和根部未熔合对承载截面积的减小都非常明显，应力集中也比较严重，其危害性仅次于裂纹。

（3）未熔合的防止。采用较大的焊接电流，正确地进行施焊操作，注意坡口部位的清洁。

6. 其他缺陷

（1）焊缝化学成分或组织成分不符合要求。焊材与母材匹配不当，或焊接过程中元素烧损等原因，容易使焊缝金属的化学成分发生变化，或造成焊缝组织不符合要求。这可能带来焊缝的力学性能的下降，还会影响接头的耐蚀性能。

（2）过热和过烧。若焊接规范使用不当，热影响区长时间在高温下停留，会使晶粒变得粗大，即出现过热组织。若温度进一步升高，停留时间加长，可能使晶界发生氧化或局部熔化，出现过烧组织。过热可通过热处理来消除，而过烧是不可逆转的缺陷。

（3）白点。在焊缝金属的拉断面上出现的象鱼目状的白色斑，即为自点 F 白点是由于氢聚集而造成的，危害极大。

第二章

焊接与切割作业安全知识

第一节 焊接设备原理和安全要求

一、焊接设备

焊接设备包括焊机和焊接辅助器具。

1. 焊机种类

按电源的种类可分为交流弧焊机和直流弧焊机两大类。其中直流弧焊机按变流的方式不同又分为：弧焊整流器、逆变弧焊机和旋转式直流弧焊发电机（现已淘汰）等。

（1）交流弧焊机工作原理。

目前应用最广泛的"动铁式"交流焊机。它是一个结构特殊的降压变压器，属于动铁心漏磁式类型。焊机的空载电压为 60~70V。工作电压为 30V，电流调节范围为 50~450A。铁心由两侧的静铁心 5 和中间的动铁心 4 组成，变压器的二次绕组分成两部分，一部分紧绕在一次绕组 1 的外部，另一部分绕在铁心的另一侧。前一部分起建立电压的作用，后一部分相当于电感线圈。焊接时，电感线圈的感抗电压降使电焊机获得较低的工作电压，这是电焊机具有陡降外特性的原因。引弧时，电焊机能供给较高的电压和较小的电流，当电弧稳定燃烧时，电流增大，而电压急剧降低；当焊条与工件短路时，也限制了短路电流。

焊接电流调节分为粗调、细调两档。电流的细调靠移动铁心改变变压器的漏磁来实现。向外移动铁心，磁阻增大，漏磁减小，则电流增大，反之，则电流减小。电流的粗调靠改变二次绕组的匝数来实现。

该电弧焊机的工作条件为应在海拔不超过 1000m，周围空气温度不超过+40℃、空气相对湿度不超过 85% 等条件下使用，不应在有害工业气体、水蒸气、易燃、多灰尘的场合下工作。

（2）直流弧焊机工作原理。

直流弧焊机工作原理如图 2-1 所示。接通开关 S1，通风机组 FM 运转，风压开关 KEY 闭合，主接触器 K1 闭合，三相弧焊变压器 T1 工作。与此同时 K2 闭合，控制变压器 T2 工作，磁放大器运行，硅整流器工作，输出一定的直流电压，这就是焊机的空载电压。由于没有焊接电流，磁放大器的电抗绕组 FD 电抗压降几乎为零，使焊机输出端具有较高的空载电压，便于引弧。当施焊时，由于有输出，形成电流，电抗绕组 FD 通过交流电，使其得到较大的电抗压降，并随电流的增大，电抗压

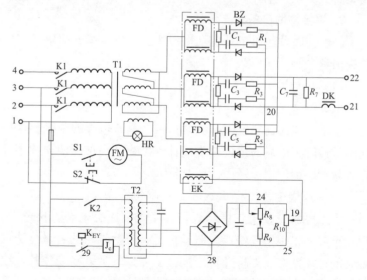

图 2-1　直流弧焊机工作原理

降随之增大，从而得到陡降外特性。当短路时，由于短路电流很大，FD 通过的交流电急增，它产生的电抗压降使工作电压几乎接近于零，这就限制了短路电流。

改变控制回路磁盘电阻 R_{10}，使磁放大器控制绕组 FK 中直流电发生变化，铁心中的磁通就相应发生变化，从而改变了磁放大器交流绕组 FD 的电流。为减少网路电压波动对焊接的影响，在控制回路中采用了铁磁谐振式稳压器，以保证激磁电流的稳定，减少对焊接电流的影响。

按动 S2，通风机组 FM 停止工作，风压开关 KEY 开启，主接触器 K1 断开，主回路断电。同时 K2 断开，控制回路断电，焊机全部停止工作。

焊接电流的调节依靠面板上的电流调节控制器，来改变磁放大器控制或线圈中直流电大小使铁心中的磁通发生相应变化，从而调整了焊接电流的大小。热将接线板烧毁或使由焊钳过热而无法工作。

2. 焊接辅助设备和工具

焊接辅助设备和工具包括电焊钳、焊接电缆、面罩及其他防护用具。

（1）电焊钳。

电焊钳是夹持焊条并传导焊接电流的操作器具。对电焊钳的要求是：在任何斜度都能夹紧焊条；具有可靠的绝缘和良好的隔热性能；电缆的橡胶包皮应伸入到钳柄内部，使导体不外露，起到屏护作用；轻便、易于操作。

（2）焊接电缆。

焊条电弧焊在工作中除焊接设备外，还必须有焊接电缆。焊接电缆应采用橡皮绝缘多股软电缆，根据焊机的容量，选取适当的电缆截面。如果焊机距焊接工作点较远，需要较长电缆时，应当加大电缆截面积使在焊接电缆上的电压降不超过 4V，以保证引弧容易及电弧燃烧稳定。不允许用扁铁搭接或其他办法来代替连接焊接的电缆，以免因接触不良而使回路上的压降过大，造成引弧困难和焊接电弧的不稳定。

焊机和焊接手柄与焊接电缆的接头必须拧紧，表面应保持清洁，以保证其良好的导电性能。不良的接触会损耗电能，还会导致焊机过热将接线板烧毁或使电焊钳过热而无法工作。

（3）面罩及其他防护用具。

面罩的主要作用是保护电焊工的眼睛和面部不受电弧光的辐射和灼伤，面罩分手持式和头盔式两种。面罩上的护目玻璃起到减弱电弧光并过滤红外线、紫外线的作用。护目玻璃有不同色号、目前以黑绿色的为多，应根据电焊工的年龄和视力情况尽量选择颜色较深的护目玻璃以保护视力。护目玻璃外还加有相同尺寸的一般玻璃，以防金属飞溅沾污护目玻璃。

其他防护用品有电焊工在工作时需佩戴的专用电焊手套和护脚，以及清渣时应戴的平光眼镜。

3. 交流弧焊机与直流弧焊机的比较

交流弧焊机的主要优点是成本低、制造维护简单，噪声较小；缺点是不能适应碱性焊条，且焊接电压、电流容易受到电网波动的干扰。直流弧焊机的优点是电弧稳定，焊条适应性强；缺点是成本较高，制造维修较复杂，重量较重。但由于优点明显，直流弧焊机是大有前途的电焊机。两类焊机的性能比较见表2-1。

表 2-1　　　　　交流弧焊机与直流弧焊机性能比较

项　　目	交流弧焊机	直流弧焊机
电弧稳定性	低	高
极性可换性	无	有
构造与维修	简单	稍复杂
工作时噪声	较小	很少
供电方式	一般为单相供电	一般为三相供电
触电危险性	较大	较小
功率因数	较低	较高
耗能指数	较大	小
成本	低	较高
重量	轻	较轻

二、焊接设备的保护接零

适用于三相四线制电源中性点直接接地，是目前较为常用的方法。

三、焊接设备的保护接地

将电气设备可导电的金属外壳与大地作可靠的连接。此方法只适用三相三线制中性点不接地的供电系统。

各种电焊机（交流、直流）、电阻焊机等设备或外壳、电气控制箱、焊机组等，都应按要求接地，防止触电事故。

焊机的接地装置必须经常保持连接良好，定期检测接地系统的电气性能。

四、焊接设备的安全要求

1. 电焊机的使用及安全要求

（1）在室内或露天进行电焊工作，必要时应在周围设挡风屏，防止弧光伤害周围人员的眼睛。

（2）在潮湿地方进行电焊工作，焊工必须站在干燥的木板上，或穿橡胶绝缘鞋。

（3）固定或移动的电焊机（电动发电机或电焊变压器）的外壳以及工作台，必须有良好的接地。

（4）电焊工作所用的导线，必须使用绝缘良好的皮线。如有接头时，则应连接牢固，并包有可靠的绝缘。连接到电焊钳上的一端，至少有 5m 为绝缘软导线。

（5）电焊设备（变压器、电动发电机）应使用带有漏电保护功能的且与电焊机容量匹配的断路器，且漏电保护器动作参数应符合现场要求。

（6）电焊设备的装设、检查和修理工作，必须在切断电源后进行。

（7）电焊钳必须符合下列几项基本要求：须能牢固地夹住焊条；保证焊条和电焊钳的接触良好；更换焊条必须便利；握柄必须用绝缘耐热材料制成。

（8）电焊机的裸露导电部分和转动部分以及冷却用的风扇，均应装有保护罩。

（9）电焊工应备有下列防护用具：镶有滤光镜的手把面罩或套头面罩；电焊手套；橡胶绝缘鞋。

（10）电焊工所坐的椅子，须用木材或其他绝缘材料制成。

（11）电焊工在合上电焊机刀闸开关前，应先检查电焊设备，如电动机外壳的接地线是否良好，电焊机的引出线是否有绝缘损伤、短路或接触不良等现象。

（12）电焊工在合上或接开电源刀闸时，应戴干燥的手套，另一只手不得按在电焊机的外壳上。

（13）电焊工更换焊条时，必须戴电焊手套，以防触电。

（14）清理焊渣时必须戴上白光眼镜，并避免对着人的方向敲打焊渣。

（15）在起吊部件过程中，严禁边吊边焊的工作方法。只有在摘除钢丝绳后，方可进行焊接。

（16）不准将带电的绝缘电线搭在身上或踏在脚下。电焊导线经过通道时，应采取防护措施，防止外力损坏。

（17）当电焊设备正在通电时，不准触摸导电部分。

（18）电焊工离开工作场所时，必须把电源切断。

（19）所有电焊机未经检验不准使用，超期不准使用，无合格证不准使用。

2. 电焊机电缆安全要求

（1）焊接电缆经常移动、弯曲，要求其既要柔软性好、容易弯曲和绝缘性好，又要有足够的导电截面积、便于操作和减轻焊工的劳动强度，一般常用多股紫铜软线制。

（2）电缆外皮必须完整、绝缘良好柔软、绝缘电阻不得小于1MΩ电缆外皮破损时应及时修补完好。

（3）连接焊机与焊钳必须使用软电缆线，长度一般不宜超过20~30m。

（4）焊机的电缆线应使用整根导线，中间不应有连接接头。当工作需要接长导线时，应使用接头连接器牢固连接，连接处应保持绝缘良好。

（5）焊接电缆线要横过马路或通道时，必须采取保护套等保护措施，严禁搭在气瓶、乙炔发生器或者其他易燃易爆物品的容器和材料上。

（6）禁止焊接电缆线与油、脂等易燃易爆物料接触。

（7）现场临时布置电焊机电缆线时，架空高度不得低于2.5m，穿越道路时不得低于3m，严禁用金属丝绑扎。

（8）电源控制装置应装在电焊机附近人手便于操作的地方，周围留有安全通道。

（9）焊机的一次电源线，长度一般不宜超过2~3m，当有临时任务需要较长的电源线时，应沿墙或立柱用瓷瓶隔离布设，其高度必须距地面2.5m以上，不允许将电源线拖在地面上。

3. 电焊机接地要求

（1）各种电焊机设备或外壳都应按现行《电力设备接地设计技术规程》的要求接地，防止触电事故。

（2）焊机的接地装置必须经常保持连接良好，定期检测接地系统的电气性能。

（3）禁用氧气管道和乙炔管道等易燃易爆气体管道作为接地装置的自然接地极，防止由于产生电阻热或引弧时冲击电流作用，产生火花而引爆。

4. 电（气）焊安全操作

（1）无焊接特种作业操作证不得焊割。

（2）重点要害部位及重要场所未经安全监察部门批准，未落实安全措施，不能进行焊割。

（3）不了解焊割地点及周围情况（如该处能否动用明火，有否易燃易爆物品等）不能焊割。

（4）不了解焊割物内部是否存在易燃易爆的危险性不能焊割。

（5）盛装易燃易爆的液体、气体的容器（如气瓶、油箱、槽车、储罐等）未经彻底清洗、排除危险性之前不能焊割。

（6）用可燃材料（如塑料、软木、玻璃钢、谷物草壳、沥青等）作保温层、冷却层、隔热等的部位，或火星会飞溅到的地方在未采取切实可靠的安全措施之前不能焊割。

（7）有压力或密闭的导管、容器等不能焊割。

（8）焊割部位附近有易燃易爆物品，在未做清理或未采取有效的安全措施之前不能焊割。

（9）在禁火区内动火作业，未办理动火作业措施票手续，不能焊割。

（10）附近有与明火作业有抵触的工种在作业（如刷漆等）不能焊割。

第二节　常用气瓶的结构和安全要求

一、常用气瓶的结构

用于气焊与气割的氧气瓶和氢气瓶属于压缩气瓶，乙炔气瓶属于溶解气瓶，石油气瓶属于液化气瓶。

1. 氧气瓶的构造

氧气瓶是一种储存和运输氧气的专用高压容器。氧气瓶通常用优质碳素钢或低合金结构钢轧制成无缝圆柱形容器。常用气瓶容积40L，瓶内氧气压力为15MPa，可以储存 $6m^3$ 的氧气。氧气瓶在出厂前，除对氧气瓶的各个部件进行严格检查外，还需对瓶体进行水压试验，一般试验的压力为工作压力的1.5倍。并在瓶体上部球面部位作明显的标志。标志上标明：瓶号、工作压力和试验压力、下次试压日期、检查员的钢印、制造厂检验部门的钢印、瓶的容量和重量、制造厂、出厂日期等。此外，氧气瓶在使用过程中亦必须定期作内外部表面检验和水压试验；氧气瓶表面为天蓝色，并用黑漆标明"氧气"字样。

2. 乙炔瓶的构造

乙炔瓶是储存和运输乙炔气的专用容器，其外形与氧气瓶相似。它的构造要比氧气瓶复杂，主要因为乙炔不能以高压力压入普通的气瓶内，而必须利用乙炔能溶解于丙酮的特性，采取必要的措施，才能把乙炔压入钢瓶内。乙炔的瓶体是由优质碳素结构钢或低合金结构钢经轧制焊接而成。乙炔瓶的容积为40L，一般乙炔瓶内能溶解6~7kg的乙炔。乙炔瓶的工作压力是1.5MPa，水压试验的压力为6MPa。乙炔瓶表面为白色，并标注红色的乙炔和火不可近字样。

3. 液化石油气瓶的构造

液化石油气瓶是储存液化石油气的专用容器。按用量及使用方法不同，气瓶储存量分别为 10kg、15kg、36kg 等多种规格，还可以制造容量为 1t、2t 或更大的储气罐。气瓶材质选用 16Mn、A3 钢或 20 号优质碳素钢制成。气瓶的最大工作压力为 1.6MPa，水压试验 3MPa。气瓶通过试验鉴定后在气瓶的金属铭牌上标志类似氧气瓶所标明的内容。气瓶表面为银灰色，并有"液化石油气"红色字样。

二、气瓶爆炸事故的原因

（1）气瓶的材质、结构和制造工艺不符合安全要求。

（2）由于保管和使用不善，受日光暴晒、明火、热辐射等作用。

（3）在搬运装卸时，气瓶从高处坠落，倾斜或滚动等发生剧烈碰撞冲击。

（4）气瓶瓶阀无瓶帽保护，受振动或使用方法不当等，造成密封不严、泄漏甚至瓶阀损坏、高压气流冲出。

（5）开气速度太快，气体迅速流经瓶阀时产生静电火花。

（6）氧气瓶瓶阀、阀门杆或减压阀等上粘有油脂，或氧气瓶内混入其他可燃气体。

（7）可燃气瓶（乙炔、氢气、石油气瓶）发生漏气。

（8）乙炔瓶内填充的多孔性物质下沉，产生净空间，使乙炔气处于高压状态。

（9）乙炔瓶处于卧放状态或大量使用乙炔时，丙酮随同流出。

（10）石油气瓶充灌过满，受热时瓶内压力过高。

（11）气瓶未作定期技术检验。

三、气瓶的使用安全要求

1. 氧气瓶

（1）氧气瓶在出厂前必须按照《气瓶安全技术监察规程》

（TSG R0006—2014）的规定，严格进行技术检验。检验合格后。应在气瓶的球面部分作明显标志。

（2）充灌氧气瓶时必须首先进行外部检查，并认真鉴别瓶内气体，不得随意充灌。

（3）氧气瓶在运送时必须戴上瓶帽，并避免相互碰撞，不能与可燃气体的气瓶、油料以及其他可燃物同车运输。搬运气瓶时，必须使用专用小车，并固定牢固。不得将氧气瓶放在地上滚动。

（4）氧气瓶一般应直立放置，且必须安放稳固，防止倾倒。

（5）取瓶帽时，只能用手或扳手旋转，禁止用铁器敲击。

（6）在瓶阀上安装减压器之前，应拧开瓶阀，吹尽出气口内的杂质，并轻轻地关闭阀门。装上减压器后，要缓慢开启阀门，开得太快容易引起减压器燃烧和爆炸。

（7）在瓶阀上安装减压器时与阀口连接的螺母要拧得坚固，以防止开气时脱落，人体要避开阀门喷出方向。

（8）严禁氧气瓶阀、氧气减压器、焊炬、割炬、氧气胶管等粘上易燃物质和油脂等，以免引起火灾或爆炸。

（9）夏季使用氧气瓶时，必须放置在凉棚内，严禁阳光照射；冬季不要放在火炉和距暖气太近的地方，以防爆炸。

（10）冬季要防止氧气瓶阀冻结。如有结冻现象，只能用热水和蒸气解冻，严禁用明火烘烤，也不准用铁敲击，以免引起瓶阀断裂。

（11）氧气瓶内的氧气不能全部用完，最后要留 0.1～0.2MPa 的氧气，以便充氧时鉴别气体的性质和防止空气或可燃气体倒流入氧气瓶内。

（12）气瓶库房和使用气瓶时，都要远离高温、明火、熔融金属飞溅物和可燃易爆物质等。一般规定相距 10m 以上。

（13）氧气瓶必须做定期检查，合格后才能继续使用。

（14）氧气瓶阀着火时，应迅速关闭阀门，停止供气，使火焰自行熄灭。如邻近建筑物或可燃物失火，应尽快将氧气瓶移到安全地点，防止受火场高热而引起爆炸。

把我们都放在一块儿太危险了，万一出事就全完了！

2. 乙炔瓶

使用乙炔瓶时除必须遵守氧气瓶的安全使用外，还应严格遵守下列各点：

（1）乙炔瓶不应遭受剧烈振动和撞击，以免引起乙炔瓶爆炸。

（2）乙炔瓶在使用时应直立放置，不能躺卧，以免丙酮流出，引起燃烧爆炸。

（3）乙炔减压器与乙炔瓶阀的连接必须可靠，严禁在漏气情况下使用。

（4）开启乙炔瓶阀时应缓慢，不要超过一转半，一般只需开启3/4转。

（5）乙炔瓶体表面的温度不应超过 $30 \sim 40℃$，因为温度高会降低丙酮对乙炔的溶解度，而使瓶内乙炔压力急剧增高。

（6）乙炔瓶内的乙炔不能全部用完，最后必须留 0.03MPa 以上的乙炔气。应将瓶阀关紧，防止漏气。

（7）当乙炔瓶阀冻结时，不能用明火烘烤。必要时可用 40℃以下的温水解冻。

（8）使用乙炔瓶时，应装置于式回火防止器，以防止回火传入瓶内。

3. 液化石油气瓶

（1）同氧气瓶（1）～（14）条。

（2）石油气对普通橡胶管和衬垫的腐蚀作用，易造成漏气，所以必须采用耐油性强的橡胶管和衬垫。

（3）石油气比空气重，易于向低处流动，而且易挥发，遇到明火会引起燃烧事故，因此，使用场地要通风良好，便于空气对流。

（4）石油气瓶内部的压力与温度成正比。随着温度的升高，气瓶内的压力也增高，所以石油气瓶应远离热源和暖气片。

（5）冬季使用石油气瓶可用 40℃以下温水加热，严禁火烤或沸水加热。

（6）过量的石油气可导致人窒息，因此使用时必须注意通风。

（7）石油气点火时，先点燃引火物再开气。

（8）不得自行倒出石油气残液，以防遇火引起火灾。

第三节 焊接与切割设备的
安全用电要求

焊接切割设备在运行时，空载电压一般都在 50～90V，有的甚至高达 300V 以上。焊接现场金属材料的大量存在，特别是在金属容器或金属管道内施焊，焊接切割设备的绝缘损坏或电源线碰触设备外壳，设备外壳就会带电。焊接作业人员如果不重视安全用电，就有可能造成触电事故。

一、安全电流

通过人体的电流越大，人体的生理反应越强烈，对人体的伤害就越大。按照人体对电流的生理反应强弱和电流对人体的伤害程度，可将电流大致分为感知电流、摆脱电流和致命电流三级。感知电流是指能引起人体感觉但无危害生理反应的最小电流值；摆脱电流是指人触电后能自主摆脱电源而无病理性危害的最大电流；致命电流是指能引起心室颤动而危及生命的最小电流。上述这几种电流的数值与触电对象的性别、年龄以及触电时间等因素有关。实验表明，当工频电流通过人体时，成年男性的平均感知电流为 1mA，摆脱电流为 10mA，致命电流为 50mA（通电时间在 1s 以上时）。在一般情况下，可取 30mA 为安全电流，即以 30mA 为人体所能忍受而无致命危险的最大电流。但在有高度触电危险的场所，应取 10mA 为安全电流；而在空中或水面触电时，考虑到人受电击后有可能会因痉挛而摔死或淹死，则应取 5mA 作为安全电流。

1. 电流作用于人体引起伤害的形式

电流对人体的伤害有 3 种形式：电击、电伤和电磁场生理伤害。

通常所说的触电事故，主要是指电击而言，绝大多数触电死亡事故是由电击所造成的。

2. 影响电流对人体伤害程度的因素

电流通过人体造成伤害的严重程度与下列因素有关：流经人体的电流强度，电流通过人体的持续时间，电流流过人体的途径，电流的频率，及人体的健康状况等。

二、安全电压

从保护人身安全的意义来说，可以称人体持续接触而不会使人直接致死或致残的电压为安全电压。

安全电压额定值等级：42V、36V、24V、12V、6V。

通过人体的电流决定于外加电压和人体电阻，人体电阻主要由体内电阻和皮肤电阻组成。体内电阻基本上不受外界因素影响，其数值不低于 500Ω。皮肤电阻随着条件的不同在很大的范围内变化，皮肤表面 0.05～0.2mm 厚角质层的电阻高达 10 000～100 000Ω，但角质层很容易破坏，除去角质层，皮肤电阻一般不低于 1000Ω。

（1）人体在状态正常，手脚皮肤干燥的情况下：

安全电流 $I_s = 30\text{mA}$

人体电阻 $R_b = 1700\Omega$

安全电压上限值 $U_s = I_s R_b = 0.03 \times 1700 \approx 50\text{V}$

（2）人体大部分浸于水中的状态：

安全电流 $I_s = 5\text{mA}$

人体电阻 $R_b = 500\Omega$

安全电压 $U_s = 2.5\text{V}$ 以下

（3）人体显著淋湿状态，人体一部分接触电气外壳：

安全电流 $I_s = 5\text{mA}$

人体电阻 $R_b = 500\Omega$

安全电压 $U_s = 25\text{V}$ 以下

注意：（1）高度不足 2.5m 的局部照明，机床、行灯、潮湿场所的电器设备其安全电压可选用 36V。

（2）存在高度触电危险的环境及特别潮湿的地方，应采用 12V 为安全电压。

三、人体触电方式

在地面、登高或水下的电焊操作中，按照人体触及带电体的方式和电流通过人体的途径，触电可分为以下情况：① 低压单相触电；② 低压两相触电；③ 跨步电压触电；④ 高压触电。

四、焊接发生触电事故的原因

焊接切割用电的特点是电压较高，超过了安全电压，必须采取防护措施，才能保证安全。国产焊机空载电压一般在 50~90V 左右，等离子切割电源的电压为 300~450V，氢原子焊电压为 300V，电子束焊机电压高达 80~150kV，国产电机的输入电压为 220~380V。频率为 50Hz 的工频交流电，这些都大大超过安全电压。

焊接时的触电事故分为两种情况：① 直接电击，即接触电焊设备正常运行的带电体或靠近高压电网和电气设备所发生的触电事故；② 间接电击，即触及意外带电体所发生的电击。意外带电体是指正常不带电而由于绝缘损坏或电器设备发生故障而带电的导体。

（1）焊接时发生直接电击事故的原因。手或身体的某部位接触到电焊条或焊钳的带电部分，而脚或身体的其他部位对地面又无绝缘，特别是在金属容器内、阴雨潮湿的地方或身上大量出汗时，容易发生这种电击事故。在接线或调节电焊设备时，手或身体某部位碰到接线柱、极板等带电体而触电。在登高焊接时，触及或靠近高压电网路引起的触电事故。

（2）焊接时发生间接触电事故的原因。电焊设备漏电，人体触及带电的壳体而触电。造成电焊机漏电的常见原因有：由于潮湿而使绝缘损坏、长期超负荷运行或短路发热使绝缘损坏，电焊机安装的地点和方法不符合安全要求。电焊变压器的一次绕组与二次绕组之间绝缘损坏，错接变压器接线，将二次绕组接到电网上去，或将采用220V的变压器接到380V电源上，手或身体某一部分触及二次回路或裸导体。触及绝缘损坏的电缆、胶木闸合、破损的开关等。由于利用厂房的金属结构、管道、轨道、天车吊钩或其他金属物搭接作为焊接回路而发生触电。

五、触电事故案例

1. 无证上岗违章操作

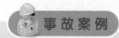
事故案例

　　某施工队承包了A企业"乙A"轮冷作电焊工程。2008年6月25日16时40分左右，该施工队班组长甲A指派工人甲B（无焊工证书）在"乙A"轮第六舱左后角底板下方对一根加热用的排管进行焊接作业。作业现场未铺设绝缘垫，由于舱内温度高，甲B身上工作服和手套被汗水湿透，据目击者称，甲B坐在排管上进行电焊作业时，其臀部与排管接触。作业至 17 时左右（临近下班时），当另一从业人员去甲 B 作业点整理工具准备出舱时，发现甲 B 两手抱着焊钳放在胸前，仰面躺在舱内排管上，于是立即用力将搭在甲 B 胸口的焊枪的电焊线拽开，随后马上跑到舱外叫人。附近作业人员听到叫喊，随即关闭了电闸，把甲 B 抬出舱外实施心脏按压和人工呼吸，后因抢救无效死亡。

（1）事故发生原因。

1）直接原因。无证上岗以及违章作业致使在作业过程中触电死亡。

2）间接原因。① 班组长指派无操作资格证书者到狭小舱室内进行焊接作业且缺乏安全监护；② 企业对该施工队员工相关资格证书审查不严格，且安全监管不到位。

（2）防范措施。

1）要认真吸取事故教训，举一反三，认真查找生产过程中存在的问题，完善安全管理制度，制定切实可行的安全技术防范措施。要认真组织学习、贯彻、落实《船舶修造企业安全生产基本要求》，切实做好生产安全工作。要加强对外包施工队资质的审查，严把外包企业的准入关。切实做好对外包企业的安全管理。要强化职工的安全教育和培训，提高安全意识，防止类似事故的再次发生。

2）要建立健全安全管理规章制度和操作规程，完善内部管理体系，做好施工现场安全管理。要制定职工安全教育、培训计划，严格遵守特种作业人员、安全管理人员持证上岗的规定，落实安全培训规定，防止事故的再次发生。

2. 手触焊钳

事故案例

2005年7月,某钢结构施工现场,一焊工正在焊接。由于是夏天,气温高达39℃,该焊工全身大汗淋漓,于是脱掉手套施工。中途,该焊工背靠钢柱更换电焊条,手不慎触摸到焊钳的金属部位,不幸触电死亡。

(1) 事故发生原因。

此类事故,设备缺陷是主因,因为电焊机要求在二次侧配备空载降压器,即能使电焊机在非工作状态下,工作输出端的电压将降至安全电压内(35V~24V以下),而未装该装备的电焊机,输出端的电压在72V左右(50V~90V)。天气炎热,焊工安全警觉性不高是另一重要原因,脱掉手套,背靠钢柱为72伏电源创造了一个回路。

(2) 防范措施。

1) 加强对设备的定期检查,发现隐患应及时处理。

2）工作时要设监护人，随时注意焊工动态，遇到危险征兆时，立即拉闸进行抢救。

3）加强组织措施的落实：作业人员要正确穿戴使用劳动防护用品。

3. 高温电焊作业焊把破损

　　7月17日下午，中石油某厂车间在生产过程中，焊工商某正在操作电焊机进行电焊固定工件作业，由于天气炎热，车间通风不畅，商某工作满头大汗。15时15分左右，焊工班长王某来检查时，发现商某躺倒在地上。王某最初误认为是中暑，抢救时才发现是触电，急忙关闭电焊机并对商某进行急救，但终因触电时间过长，抢救无效身亡。

（1）事故发生原因。

1）直接原因。此类事故，多由于焊把末端绝缘破损漏电；同时由于天气高温炎热，为了保证产品质量，工作地点不能使用降温风扇，以致商某所穿戴的工作服、防护手套被汗湿透，失去绝缘功能而致。

2）间接原因。① 预防工作不到位，工作前没有对设备进行安全检查，特别是对焊把末端联接处未进行细致的检查。② 现场监督不力，安全措施落实不到位，未及时发现事故原因，及时处理。③ 安全教育培训不扎实，部分员工的安全素质不高。个人防护意识不强。

（2）防范措施。

1）必须加大对焊工的安全培训教育，切实提高基层干部和焊工的安全生产素质，落实安全生产责任，完善动焊前对焊把线的检查制度，确保连接牢固，焊把线无破损。

2）尤其在下雨天和特别潮湿的环境里严禁动焊，若遇到特殊情况无法停止作业时，必须要制定相应的措施。

3）在工作方面进行必要的技术措施：安全电压、自动断电、保护接地、加强绝缘、间隔屏障等。

4）加强组织措施的落实：作业人员要正确穿戴使用劳动防护用品。

5）技术措施和组织措施，都要具体落实，细致周密。

6）加强对设备的定期检查，发现隐患应及时处理。

7）对作业人员进行安全知识技能教育，强化安全措施。

8）加强对触电事故的应急处理和紧急救护知识的教育及培训。在进行电焊作业的时候，由于电焊机使用高压电流，容易造成人员触电的危险。应该对作业人员加强安全教育，作业前落实好安全措施，做好设备检查；作业时进行有力监护，避免事故的发生。

4. 接线板烧损，焊机外壳带电

 **事故案例**

　　1980 年 7 月，某厂点焊工甲和乙进行铁壳点焊时，发现焊机一次引线圈已断，电工只找了一段软线交乙自己更换。乙换线时，发现一次线接线板螺栓松动，使用扳手拧紧（此时甲不在现场），然后试焊几下就离开现场。甲返回不了解情况，便开始点焊，只焊了几下就大叫一声倒在地上。工人丙立即拉闸，但甲由于抢救不及时而死亡。

　　（1）事故发生原因。

　　1）因接线板烧损，线圈与外壳之间没有有效的绝缘，因而引起短路。

　　2）焊机外壳没有接地

　　（2）主要防范措施

　　1）由电工进行设备维修。

　　2）焊接设备应保护接地。

5. 电焊作业现场狭窄

事故案例

　　大连发电总厂第一发电厂 1 号机组于 1982 年 7 月 13 日至 8 月 7 日进行机组大修，8 月 2 日锅炉检修队本体班王×在汽包内安装旋风子分离器时，不慎将一个旋风分离器的固定销子（40×20×5 楔形销子）掉入汽包与外置汽水分离器的水联通管中，为取出这个销子先用磁铁送入管内寻找没有成功，后经锅炉检修队研究决定采用割管的办法取出销子，由检修工王×和焊工马×担任此项工作，上午他们在标高 18m 处将联通管 φ89×4 割下 235mm 长，将销子取出。

当天下午将这段管配好，王×和王×× （徒工）监护并配合焊工马×进行恢复焊接，截止 16 时 20 分左右两道焊口已焊完一遍。由于施焊地点狭窄，通风不好，室温又高，三人的衣服均被汗水浸透，决定先回班休息一会再干，17 时左右马×先调整了电焊机电流（80A 减到 40A）之后，随同二王一起回到焊接地点继续工作。

综合班长吴× （焊工）已知此项工作，考虑到位置别扭怕影响焊接质量，下班后亲自到工作地点进行指导，并提议割下一块护板以方便工作，接过马×递给的焊把，割了 300mm×500mm 的检查孔，随后马×由炉顶管道间出来，在平台上焊好了外侧的一个侧面焊口，接着马×又进入炉顶管道间，此时吴检查了马×的焊工手套是完整的，且没有湿。在进行第二遍焊接时，王×位于最里侧，王××在外侧，吴在护板外面通过检查孔进行监护，王×负责拿灯照明和递焊条，三人距马×有 1m 左右观看他焊接，当马×焊完第二根焊条，并换好第三根，准备施焊时，监护的三人都用手遮光护眼，但等一会，即没见到闪光，又没听到动静，一看马×已停止了动作，三人几乎同时喊出："不好"吴当即将焊把拉出来，又连喊"小马"，同时又急喊左面工作的瓦工协助一起将马×抬出放在平台上，立即对马×施行人工呼吸，后又背到厂前区花坛附近的地面上，经大夫做一段人工呼吸后转第二医院抢救无效死亡。

（1）事故发生原因。

1）这次死亡事故的直接原因是安全措施不够完善造成的。此项焊接工作虽然不是在汽包内进行，但工作场所周围是管道和炉墙护板，作业地点狭窄，又处在火热季节，马×的衣服已被汗水浸湿并直接与锅炉的护板及周围的管道紧贴在一起。

2）当马×准备施焊时不慎将焊把触在脖子的梗动脉处感电后，电流迅速通过全身与接触的导体施放，是造成死亡事故的主要原因。

3）在作业地点、周围环境、气候以及绝缘条件发生变化时，对特殊情况下的焊接工作，没有采取相应的技术措施，对保证作业人身安全进行专门研究和布置。思想重视不够也是发生死亡事故的一个重要原因。

（2）主要防范措施。

1）认真贯彻落实《防止电力生产事故的二十五项重点要求》，严格执行《防止人身伤亡事故》中各项条例。

2）在焊接工作中按照《安规》热机部分第 485 条规定："在锅炉汽鼓、凝汽器、油槽以及其他金属容器内进行焊接工作，认真做好防止触电措施"。

3）在特殊情况的焊接工作，除做好以上安全措施外，有关领导必须到场检查监督，执行安全措施。

4）注意改善工人的安全作业环境，达到安全作业和保证工人健康的劳动作业条件。

六、焊接用电的十点安全常识

（1）在电源为三相三线制或单相制系统中，应安设保护接地线；在电网为三相四线制中性点接地系统中，应安置保护性接零线。

（2）接地电阻不得超过 4Ω，自然接地极电阻超过此数时，应采用人工接地极。必须指出焊枪焊接变压器二次线圈一端接地或接零时，则焊件本身不应接地，也不应接零。如果焊件再接地或接零，一旦电焊回路接触不良，焊接工作电流可能会通过接地线或接零线，因而将地线或零线熔断。不但使人身安全受到威胁，而且易引起之火灾。为此规定，凡是在有接地线的工件上进行焊枪焊接时，应将焊件上的接地线暂时拆除，焊完后再恢复。

（3）接地装置广泛地用于自然接地极。如与大地有可靠连接的建筑物的金属结构；敷设于地下的水道及管路等。必须指出，氧气管道、煤气管道、液化气管道、乙炔管道等易燃易爆气体管道，严禁作为自然接地极。

（4）焊机的工作负荷应遵守设计规定，不得任意长时间超载运行。

（5）焊机必须绝缘良好。绕组或线包引出线穿过设备外壳时应设绝缘板。如直接引出时，应用套管加强。穿过设备外壳的铜螺栓接线柱，应加设绝缘套和垫圈，并应用防护盖将它盖好。有插销孔分接头的焊机，插销孔的导体应隐蔽在绝缘板之内。

（6）焊机应放置在干燥和通风的地方，如放在室外时，必须有防雨雪的遮护装置，以防降低或损坏焊机的绝缘而发生漏电。焊机放置点周围应保持整齐清洁。

（7）焊接操作中人体可能碰触漏电焊接设备的金属外壳，为了保证安全不发生触电事故，所有旋转式直流电焊机、交流电焊机、硅整流式直流电焊机以及其他焊接设备的机壳都必须接地。

（8）焊枪焊接与大地紧密相连的工件时，如果焊件本身接地电阻小于 4Ω，则应将电焊机二次线圈一端的接地线的接头暂时解开，焊完后再恢复。总之，变压器二次端与焊件不应同时存在接地装置。

（9）焊接变压器的一次线圈与二次线圈之间、引线与引线之间、绕组和引线与外壳之间，其绝缘电阻不得少于1MΩ，自动焊机的轮子，亦有良好的绝缘。

（10）焊枪焊机的接地装置必须定期进行检查，以保证其可靠性。移动式焊机在工作前必须接地，并且接地工作必须在接通电力线路之前做好。接地时应首先将接地导线接到接地干线上，然后再将其接到设备上。拆除地线的顺序则与此相反，先将接地线从设备外壳或焊件上拆下，然后再解除与接地干线的连接。

第四节　电力设备焊接与切割作业安全要求（高处、容器内等）

一、高处焊接与切割的安全要求

焊工在坠落高度基准面2m以上（包括2m）有可能坠落的高处进行焊接与切割作业的称为高处焊接与切割作业。

我国将高处作业列为危险作业，并分为四级：① 一级高度2~5m；② 二级高度5~15m；③ 三级高度15~30m；④ 四级高度>30m。

高处作业存在的主要危险是坠落，而高处焊接与切割作业将高处作业和焊接与切割作业的危险因素叠加起来，增加了危险性。其安全问题主要是防坠落、防触电、防火防爆以及其他个人防护等。因此，高处焊接与切割作业除应严格遵守一般焊接与切割的安全要求外，还必须遵守以下安全措施。

（1）登高焊割作业应避开高压线、裸导线及低压电源线。

不可避开时，上述线路必须停电，并在电闸上挂上"有人工作，严禁合闸"的警告牌。

（2）电焊机及其他焊割设备与高处焊割作业点的下部地面保持 10m 以上的距离，并应设监护人，以备在情况紧急时立即切断电源或采取其他抢救措施。

（3）高处进行焊割作业者，衣着要灵便，戴好安全帽，穿胶底鞋，禁止穿硬底鞋和带钉易滑的鞋。要使用标准的防火安全带，不能用耐热性差的尼龙安全带，而且安全带应牢固可靠，长度适宜。

（4）登高的梯子应符合安全要求，梯脚需防滑，上下端放置应牢靠，与地面夹角不应大于 60°。使用人字梯时夹角约 40±5° 为宜，并用限跨铁钩挂住。不准两人在一个梯子上（或人字梯的同一侧）同时作业。禁止使用盛装过易燃易爆物质的容器（如油桶、电石桶等）作为登高的垫脚物。

（5）脚手板宽度单人道不得小于 0.6m，双人道不得小于1.2m，上下坡度不得大于 1∶3，板面要钉防滑条并装扶手。板材需经过检查，强度足够，不能有机械损伤和腐蚀。使用安全网时要张挺，要层层翻高，不得留缺口。

（6）所使用的焊条、工具、小零件等必须装在牢固的无孔洞的工具袋内，防止落下伤人。焊条头不得乱扔，以免烫伤、砸伤地面人员，或引起火灾。

（7）在高处进行焊割作业时，为防止火花或飞溅引起燃烧和爆炸事故，应把动火点下部的易燃易爆物移至安全地点。对确实无法移动的可燃物品要采取可靠的防护措施，例如用石棉板覆盖遮严；在允许的情况下，还可将可燃物喷水淋湿，增强耐火性能。高处焊割作业，火星飞得远，散落面大，应注意风向风力，对下风方向的安全距离应根据实际情况增大，以确保安全。焊割作业结束后，应检查是否留有火种，确认合格后方可离开现场。

（8）严禁将焊接电缆或气焊、气割的橡皮软管缠绕在身上操作，以防触电或燃爆。登高焊割作业不得使用带有高频振荡器的焊接设备。

（9）患有高血压、心脏病、精神病以及不适合登高作业的人员不得登高焊割作业。登高作业人员必须经过健康检查。

（10）恶劣天气，如六级以上大风、下雨、下雪或雾天，不得登高焊割作业。

二、容器内焊接的安全要求

（1）对各种容器、管道，沾有可燃气体和溶液的工件进行操作前应先检查，冲洗掉有毒有害、易燃易爆物质，解除容器及管道压力，消除容器密闭状态，动火前应对容器内物质采样分析，合格后再进行工作；焊接、切割密闭空心工件时必须留有气孔。在容器内工作，应有人监护，并有良好的通风设施和照明设施。

（2）装过煤油、汽油或油脂的容器焊接时，应先用热碱水冲洗，再用蒸汽吹洗几小时、打开桶盖，用火焰在桶口试一下，确信已清洗干净后，才能焊接。

对乙炔发生器焊接时，应先用黄铜、铝或木料做好的耙子将电石渣扒掉，再用水冲洗干净后，才能焊接。

（3）盛装汽油、煤油、酒精、电石等易燃、易爆物质的容器，禁止焊接（锡焊除外）。凡在易燃、易爆车间动火焊补，或者采用带压不置换动火法，在容器管道裂缝大、气体泄漏量大的室内外焊补时，必须分析动火点周围不同部位滞留的可燃物含量，确实安全可靠时才能施焊。

（4）在焊接时，应打开门窗进行自然通风，必要时采用机械通风，降低可燃气体浓度，防止形成可燃性混合气体。

（5）金属容器内工作时，必须采取防止触电的措施，如金属容器必须可靠接地等；行灯变压器严禁带入金属容器或坑井内。

（6）在金属容器内不得同时进行电焊、气焊或气割工作。

（7）在金属容器内工作时，应设通风装置，内部温度不得超过40℃。

（8）严禁用氧气作为通风的风源。

（9）焊工所穿衣服、鞋、帽等必须干燥，脚下应垫绝缘垫。

（10）在金属容器内进行焊接或切割工作时，入口处应设专人监护并设焊机二次回路的切断开关。监护人应与内部工作人员保持联系，电焊工作中断时应及时切断焊接电源。

（11）在封闭式容器或坑井内工作时，工作人员应系安全绳，绳的一端交由容器外的监护人拉住。

（12）严禁将漏气的焊炬、割炬和橡胶软管带入容器内；焊炬、割炬不得在容器内点火。在工作间歇或工作完毕后，应及时将气焊，气割工具拉出容器。

三、高处焊接事故案例

1. 高空未系安全带挂钩

 事故案例

　　1997年10月，某工地上，焊接技术员蒋某腰系安全带到二层施工平台检查钢柱焊缝质量，项目经理看到此状未作提醒，突然蒋某大叫一声，从平台西侧坠落地面，头部着地，经抢救无效死亡。

（1）事故发生原因。

1）未挂安全带挂钩。

2）领导监管不到位责任。

3）缺乏督促检查。

（2）防范措施。

1）认真贯彻落实《电业安全工作规程》，严格执行高作业相关规定。认真做好防止触电措施。

2）登高作业现场监护人员监护到位

3）有关领导到场检查监督，落实安全措施执行情况。

4）登高作业一定要使用标准的防火安全带，架设安全网等做好安全措施。

2. 焊接前未仔细检查作业环境，导致焊工坠落身亡

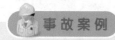 事故案例

　　1999年6月，4名焊工在轮船上进行隔舱板焊接工作，其中夏某靠近于一减轻孔工作（孔长1.85m，宽1.2m），焊接时不慎失足从减轻孔坠落至舱底，发现时人已死亡。

（1）事故发生原因。

1）夏某未仔细观察环境。

2）减轻孔无任何安全设施。

3）照明不足，无监护人。

（2）防范措施。

1）认真贯彻落实《25项反事故措施》，严格执行"防止人身伤亡事故"中防止高处坠落事故相关规定。

2）有关领导到现场检查监督，落实安全措施执行情况。

3）监护人要监护到位。

四、容器内焊接事故案例

事故案例

1997年6月8日8时40分秦皇岛热电厂锅炉管阀班焊工班共5人对#3炉定排扩容器进行焊接工作，考虑容器内通风不好，向扩容器内充氧气，安全员及在场工作负责人等其他人员不但没有提出疑问，却一起动手向扩容器内充氧。9时20分左右，工作负责人张某某的手套被焊花引燃，并没有引起张本人及现场安全员的警惕，随后工作负责人离开人孔，容器内两位焊工继续工作时，火花引燃魏某某衣裤，因容器内氧气浓度高助燃迅速，焊工张某帮助魏某扑火时，自身衣物也引燃，高某见火扑不灭，拉魏某没拉动。随即爬出扩容器（此人受轻伤）因扩容器内烟气大一时无法进入，又无灭火措施，11时左右，魏某才被从扩容器下部割孔救出。人早已被烧死。

（1）事故发生原因。

1）现场施焊人员严重违反《安规》（热机部分）第381条在容器内工作"严禁向内部输送氧气"规定。

2）安全意识淡薄，现场工作人员没有一人对向容器内充氧气提出异议，是一起群体违章，结果是"自己伤害了自己"。

3）现场监护形同虚设，工作负责人思想麻痹到了极点，一起帮忙向容器内充氧，手套着火仍不中止工作，更不用说监护别人，完全失职。

4）工作现场安全防范措施有严重漏洞，没有采取安全通风及灭火措施。

5）安全培训以及班组安全学习存在严重的形式主义。两天前焊工班安全活动中记录着"安全第一，要遵章作业，不要麻痹大意"，但仅两天，行动完全是另一样，没有结合专业的特点、工种的特点，作业的环境在干活前学习《安规》相应部分。

（2）防范措施。

1）检修人员作业前必须结合专业的特点，工种的特点、作业的环境，学习《安规》的相关部分，用以完善安措，决不能搞形式主义。

2）对特殊环境下作业，如容器、粉仓、油罐、酸碱罐、地下通道等有关的安全措施必须要针对作业对象的特点来制定，由车间专工亲自制定并由车间主任检查后，报安监处批准后实施，必须把住安全措施关。

3）生产技能培训、安全培训、班组培训及班组安全学习、安全活动要落实到实处，杜绝走过场和不负责的虚假现象。

第五节　焊接切割防火防爆措施

金属焊接切割作业时，要使用高温、明火，且经常与可燃易爆物质及压力容器接触。因此，在焊接操作中存在着发生火灾和爆炸的危险性。

一、燃烧和爆炸的基本知识

1. 燃烧的必要条件

根据燃烧三要素，取消或破坏可燃物质、助燃物质、着火源三个条件中一个以上的条件，即可避免燃烧的产生。扑灭火时，可采取冷却、隔离或窒息的方法取消已产生的上述条件，而终止燃烧。

可燃物质在明火作用下，能够着火且移走明火维持燃烧继续进行的最低温度称为燃点。

可燃物质受热升温而无需明火作用，即能自行燃烧的最低温度称为自燃点。

可燃液体的蒸汽和空气混合后与明火接触时发生燃烧的最低温度称为闪点。闪点越低，发生火灾爆炸的危险性越大。

2. 爆炸

爆炸是物质由于状态变化，在瞬间释放出大量气体和大量能量，使周围气压猛烈增高并产生巨大声音的现象。爆炸可分为物理性爆炸和化学性爆炸。

可燃性气体或蒸气与空气混合后能够发生爆炸的浓度范围称为爆炸极限，最低浓度称为爆炸下限，最高浓度称为爆炸上限。可燃性物质的爆炸下限越低、爆炸极限范围越宽，爆炸的危险性亦越大。

化学性爆炸是在以下三个条件同时存在时，才能发生：① 存在可燃易爆物；② 可燃易爆物和空气混合并达到爆炸极限；③ 爆炸性混合物遭遇火源作用。

二、焊接切割作业的火灾危险性

焊接切割作业现场，既有电又有明火，如果思想麻痹，操作不当，制度不严，安全措施不落实，极易引起火灾。

1. 焊接火花引燃引爆

焊接过程中熔化的金属由于急剧的冷热气流交换、化学反应和外力作用，致使金属火花飞溅，这些固体金属火花热能高，温度达 1000℃ 以上，具有鲜明的特点：其一，它具有降温时间长，在一些焊接场所，工作结束后，表面焊接火花已熄灭，其表面温度还没有下降至可燃物的燃点以下，稍有不慎，就会引起燃烧。其二，有一定的自重，焊接滴落的金属颗粒在自重力的作用下，会穿越垂直管道和建筑的缝隙、孔洞，引起异域火灾。其三，不规则飞溅，火花飞溅具有随机性，特别是高空焊接，受风力等因素影响较大，飞溅的范围广，如残渣得不到及时彻底清除，就会留下隐患。这些都增加了电焊现场的火灾负荷，如防范不到位，碰到可燃物就会引发燃烧，又若有可燃气体存在，极易引发爆炸。

2. 焊接回路故障引燃引爆

电弧焊的能量是依靠电线输送的，选型不当，绝缘老化，连接错误等就会使电线本身燃烧或造成火灾。

（1）电线过载。焊接电路是大容量供电线路，电流达数十至数百安培。这样对导线的连接和选型提出了较高的要求，一般情况下，都使用可绕多股铜质电缆线，有时焊接人员找不到合乎要求的电缆或不懂，就会用截面积较小的普通绝缘导线临时替代，这样会使焊接导线过负荷而发热，轻者导线本身燃烧，重者引燃导线周围的可燃物及发生触电事故。

（2）焊接回路电流异地放电。焊钳与接地线是通过焊件形成回路的。焊接时熔件带有一定的电压值，如果焊件是金属网或管道，且存在着间隙，焊件中间隙处就会产生强烈的放电火花，从而发生意想不到的火灾。78 年上海某纺织厂进行仓库改建时，对二层楼的钢筋进行焊接固定时，发生间隙放电火花，使库内棉花包大量燃烧。

（3）焊接电缆燃烧。焊接电缆有一定的使用寿命，不及时更换，绝缘层会老化，绝缘性能会降低。再者焊接电缆因受热机械损伤或物质腐蚀，部分绝缘层会失去原有的绝缘能力，这样当焊接进行时，交叉在一起的正负极线会产生漏电或短路，导致电缆燃烧。另外，在造船、建筑行业，大多需进行高空电焊作业，当焊接点高于下设的电缆线时，落下的焊接电弧也会使电缆线燃烧。

3. 热传导引燃

焊接的对象多是金属，导热性能较好，极易把焊接点产生的热量传递到数米以外，如作业区内有大量可燃物存在，传递的热量长期积累，一旦超过这些可燃物的最低点火能量，就会引发异域燃烧，这类火灾多见于对冷库、通风等管道焊接时。

三、焊接切割作业中发生火灾爆炸事故的原因

（1）焊接切割作业时，尤其是气体切割时，空气或氧气流的喷射，使火星、熔珠和铁渣四处飞溅（较大的熔珠和铁渣能飞溅到距操作点 5m 以外的地方），当作业环境中存在易燃、易爆物品或气体时，就可能会发生火灾和爆炸事故。

（2）在高空焊接切割作业时，对火星所及的范围内的易燃易爆物品未清理干净作业人员在工作过程中乱扔焊条头，作业结束后未认真检查是否留有火种。

（3）气焊、气割的工作过程中未按规定的要求放置乙炔发生器，工作前未按要求检查焊（割）炬、橡胶管路和乙炔发生器的安全装置。

（4）气瓶的充装、保管、运输、使用等方面存在不足，违反安全操作规程等。

（5）乙炔、氧气等管道的安装有缺陷，使用中未及时发现和整改其不足。

（6）在焊补燃料容器和管道时，未按要求采取相应措施。在实施置换焊补时，置换不彻底。在实施带压不置换焊补时，压力不够致使外部明火导入等。

四、常见动火方式

常见动火方式可分为置换动火和带压不置换动火两种。

1. 置换动火

所谓置换动火就是将燃料容器与管道中的可燃物完全置换出去后再进行焊补作业。根据爆炸下限原理，可燃气体与空气形成爆炸混合物，低于爆炸下限以下时，遇火源不燃不爆。

（1）将动火部位可靠隔离，在未采取可靠的隔离措施前不得动火焊补。可靠隔离的一种措施是在厂区或车间内划定固定动火区。凡可拆卸并有条件搬移到固定动火区焊补的物件，必须移到固定动火区进行焊补，从而尽可能减少在防爆车间及厂房内的动火操作。可靠隔离的另一种措施是采取具有足够强度的盲板将焊补的容器、管道与其他相连管路、设备截断，使其与生产部分完全隔离。

（2）认真清洗、置换，严格控制可燃气体浓度。未经清洗、置换，或虽已清洗置换但未分析化验可燃气体浓度是否合格的容器、管道，均不得随意动火焊补。焊补前，设备、管道内外都必须认真清洗，通常采用蒸汽蒸煮并用介质置换等方法将容器内部的可燃物和有毒物质置换排出、常用的置换介质有氮气、二氧化碳、水蒸气或水等。在置换过程中要不断取样分析，使可燃气浓度达到安全浓度（远小于爆炸下限）以下为止，这是置换焊补防爆的关键。

（3）空气分析和监视。在置换作业过程中和检修动火开始前半小时内，必须从容器内外不同部位、地点取气样进行化验分析，待可燃气体符合要求后才可以开始焊补。在动火过程中，要继续用仪表监视，如发现可燃气体浓度上升接近危险浓度时，要立即暂停动火进行处理。

（4）保证泄压面积。对密封容器进行焊补时，应先打开容器人孔、手孔、清扫孔和放空管等，严禁焊补未开孔洞的密封容器。

（5）作好动火的安全组织管理工作。如按规定进行必要的审批、联系、监护等工作。动火前还必须准备好适用的消防器材，保证必要的照明条件等。

2. 带压不置换动火

带压不置换动火，是指在一定条件下对生产、储存易燃可燃物质的设备、管道等装置，在未经惰性介质置换的情况下直接进行的动火作业。根据爆炸上限原理，可燃气体与空气形成爆炸混合物，高于爆炸上限以上时，遇火源不燃不爆，如有空气进入会形成稳定燃烧。这种方法在理论上讲是很安全的。使用这种方法在动火过程中要注意两点：一是要严格控制动火系统内部的含氧量，使其不超过安全值，不能形成爆炸性混合气。二是要保证设备内部处于正压状态，以使设备泄漏出的可燃气体遇到明火后只能在设备的外部燃烧，不会爆炸。

（1）极限含氧量。当含氧量低于该值时混合气达不到爆炸极限，不会发生爆这个极限值就叫做安全值，也称为极限含氧量。根据生产实践经验，国家有关部门规定，在储存氢气、一氧化碳、乙炔及石油气等的容器内，极限含氧量以不超过1%作为安全值，这个数值在实际动火工作中具有一定的安全性，是非常可靠的。

（2）压力控制。在选择压力时要尽可能留有一些安全裕度，一般控制在 15~50kPa（约 150~500mmHg）之间，以保持系统处于正压而又不猛烈喷火为原则。

五、焊接与切割作业中发生火灾爆炸事故的原因及防范措施

1. 焊接切割作业中发生火灾爆炸事故的原因

（1）焊接切割作业时，尤其是气体切割时，由于使用压缩空气或氧气流的喷射，使火星、熔珠和铁渣四处飞溅（较大的熔珠和铁渣能飞溅到距操作点 5m 以外的地方），当作业环境中存在易燃、易爆物品或气体时，就可能会发生火灾和爆炸事故。

（2）在高空焊接切割作业时，对火星所及的范围内的易燃易爆物品来清理干净，作业人员在工作过程中乱扔焊条头，作业结束后未认真检查是否留有火种。

（3）气焊、气割的工作过程中未按规定的要求放置气瓶，工作前未按要求检查焊（割）炬、橡胶管路和气瓶的安全装置。

（4）气瓶存在制造方面的不足，气瓶的保管充灌、运输、使用等方面存在不足，违反安全操作规程等。

（5）乙炔、氧气等管道的制造、安装有缺陷，使用中未及时发现和整改其不足。

（6）在焊补燃料容器和管道时，未按要求采取相应措施。在实施置换焊补时，置换不彻底，在实施带压不置换焊补时压力不够致使外部明火导入等。

2. 防范措施

（1）焊接切割作业时，将作业环境 10m 范围内所有易燃易爆物品清理干净，应注意作业环境的地沟、下水道内有无可燃液体和可燃气体，以及是否有可能泄漏到地沟和下水道内可燃易爆物质，以免由于焊渣、金属火星引起灾害事故。

（2）高空焊接切割时，禁止乱扔焊条头，对焊接切割作业下方应进行隔离，作业完毕时应做到认真细致的检查，确认无火灾隐患后方可离开现场。

（3）应使用符合国家有关标准、规程要求的气瓶，在气瓶的储存、运输、使用等环节上应严格遵守安全操作规程。

（4）对输送可燃气体和助燃气体的管道应按规定安装、使用和管理，对操作人员和检查人员应进行专门的安全技术培训。

（5）焊补燃料容器和管道时，应结合实际情况确定焊补方

法。实施置换法时，置换应彻底，工作中应严格控制可燃物质的含量；实施带压不置换法时，应按要求保持一定的压力。工作中应严格控制其含氧量。要加强检测，注意监护，要有安全组织措施。

六、火灾、爆炸事故的紧急处理方法及灭火技术

1. 火灾、爆炸事故的紧急处理方法

在焊接切割作业中如果发生火灾、爆炸事故时，应采取以下方法进行紧急处理：

（1）应判明火灾、爆炸的部位及引起火灾和爆炸的物质特性，迅速拨打火警电话 119 报警。

（2）在消防队员未到达前，现场人员应根据起火或爆炸物质的特点，采取有效的方法控制事故的蔓延，如切断电源、撤离事故现场氧气瓶、乙炔瓶等受热易爆设备，正确使用灭火器材。

报警早，损失小
先控制，后灭火
先救人，后救物
防中毒，防窒息

（3）在事故紧急处理时必须由专人负责，统一指挥，防止造成混乱。

（4）灭火时，应采取防中毒、倒塌、坠落伤人等措施。

（5）为了便于查明起火原因，灭火过程中要尽可能地注意观察起火部位、蔓延方向等，灭火后应保护好现场。

（6）当气体导管漏气着火时，首先应将焊割炬的火焰熄灭，并立即关闭阀门，切断可燃气体源，用灭火器、湿布、石棉布等扑灭燃烧气体。

（7）乙炔气瓶口着火时，设法立即关闭瓶阀，停止气体流出，火即熄灭。

（8）当电石桶或乙炔发生器内电石发生燃烧时，应停止供水或与水脱离，再用干粉灭火器等灭火，禁止用水灭火。

（9）乙炔气着火可用二氧化碳、干粉灭火器扑灭；乙炔瓶内丙酮流出燃烧，可用泡沫、干粉、二氧化碳灭火器扑灭。如果气瓶库发生火灾或邻近发生火灾威胁气瓶库时，应采取安全措施，将气瓶移到安全场所。

（10）一般可燃物着火可用酸碱灭火器或清水灭火。油类着火用泡沫、二氧化碳或干粉灭火器扑灭。

（11）电焊机着火首先应拉闸断电，然后再灭火。在未断电前不能用水或泡沫灭火器灭火，只能用1211、二氧化碳、干粉灭火器。因为水和泡沫灭火液体能够导电，容易触电伤人。

（12）氧气瓶阀门着火，只要操作者将阀门关闭，断绝氧气，火会自行熄灭。

（13）发生火警或爆炸事故，必须立即向当地公安消防部门报警，根据"三不放过"的要求，认真查清事故原因，严肃处理事故责任者。

2. 灭火技术

我国消防条例在总则中明确规定，消防工作实行"预防为主，防消结合"的工作方针，预防为主就是要把预防火灾的工作放在首位，每个单位和个人都必须遵守消防法规，做好消防工作，消除火灾隐患。

"防"和"消"是相辅相成的两个方面，缺一不可，因此，这两个方面的工作都应积极地做好。

火灾和爆炸是焊接工作中容易发生的事故。动火管理是为防止火灾和爆炸事故发生，确保人民生命和国家财产安全而制定的各项规章制度，可使防火安全管理工作落实到实处。

（1）建立各项管理人员防火岗位责任制。企业各级领导应在各自职责范围内，严格执行贯彻动火管理制度。本着谁主管、谁负责的管理原则，制定各级管理人员岗位防火责任制，在自己所负责的范围内尽职尽责，认真贯彻并监督落实防火管理制度，真正做到"以防为主，防消结合"。

（2）划定禁火区域。为了加强防火管理，各单位可根据生产特点、原料、产品危险程度及仓库、车间布局，划定禁火区域。在禁火区内，需动明火，必须办理动火申请手续，采取有效的防范措施，经过审核批准，才可动火。

（3）建立在禁火管理区内动火审批制度，在禁火区内动火一般实行二级动火审批制。

一级动火审批：一级动火，包括禁火区内以及大型油罐、油箱、油槽车和可燃液体及相连接的辅助设备、受压容器、密封器、地下室，还有与大量可燃易燃物品相邻的场所。

一级动火必须由要求进行焊接、切割作业的车间或部门的主要负责人填写动火申请表，报厂主管防火工作的保卫（或安全技术）部门审批。如遇特别危险的场所或部位动火，要由厂长召集主管安全技术、保卫工作的副厂长、总工程师以及安全技术、保卫、生产、技术、设备等部门的领导，共同讨论制定动火方案和安全措施，填写一级动火工作票，由厂长和总工程师及主管防火工作的保卫科长、安监科长签字，方能执行动火。

二级动火审批：二级动火是指具有一定危险因素的非动火区域。二级动火由要求执行焊割的部门填写动火工作票，经单位负责防火部门现场检查，确认符合动火条件并签字后，交动火人执行动火作业。

（4）申请动火的车间或部门在申请动火前，必须负责组织和落实对要动火的设备、管线、场地、仓库及周围环境，采取必要的安全措施，才能提出申请。

（5）动火前必须详细核对动火批准范围，在动火时动火执行人必须严格遵守安全操作规程，检查动火工具，确保其符合安全要求。未经申请动火，没有动火工作票，超越动火范围或超过规定的动火时间，动火执行人应拒绝动火。动火时发现情况变化或不符合安全要求，有权暂停动火，及时报告领导研究处理。

（6）企业领导批准的动火，要由安全、消防部门派现场监护人。车间或部门领导批准的动火（包括经安全消防部门审核同意的），由车间或部门指派现场监护人，监护人在动火期间不得离开动火现场，监护人应由责任心强；熟悉安全生产的人担任，动火完毕后，应及时清理现场。

(7) 一般检修动火，动火时间一次不得超过一天，特殊情况可适当延长；隔日动火的，申请部门一定要复查。较长时间的动火（如基建、大修等），施工主管部门应办理动火计划书（确定动火范围、时间及措施），按有关规定分级审批。

(8) 动火安全措施，应由申请动火的车间或部门负责完成，如需施工部门解决，施工部门有责任配合。

(9) 动火地点如对邻近车间、其他部门有影响的应由申请动火车间或部门负责人与这些车间或部门联系，做好相应的配合工作，确保安全。关系大的应在动火证上会签意见。

七、火灾事故案例

1. 乙炔气瓶着火

2004 年 7 月 6 日 13 时 50 分左右，一合成车间的一次水总管道由于穿孔，需要补焊，车间安排了停工，由 2 名维修工配合焊工实施这次补焊作业。15 时 20 分左右，作业现场的乙炔气瓶上部突然起火，伴随着黄色火焰，冒出一股浓浓黑烟。面对突如其来的事故，焊工竟不知所措，几乎惊呆在那里，而配合焊工作业的一青年维修工却表现得头脑清醒，遇惊不乱，他径直跑到距着火点 15m 外的灭火器材柜旁，提出一具小型二氧化碳灭火器，打开灭火器开关，瞬间将火扑灭，从而使得此次事故未造成人员伤害。

（1）事故发生原因。

1）作业前，焊工忽视对施焊所需设备、工具的安全检查，未发现乙炔气瓶的安全附件低压表出现泄漏点。

2）实际上，放置在操作台下的 2 个气瓶与动火点的水平距离只有 1.5m，违反了有关在动火作业中，乙炔气瓶放置点与焊接地点之间水平距离不小于 5m 的安全规定。经现场模拟实验后证实，作业时，高处焊接作业产生的部分高温焊渣，落到预留孔下方的计量罐圆形封头上，经反弹后，溅射到对面的乙炔气瓶上方，点燃了低压表连接丝扣处泄漏出来的乙炔气体。上述两点，是这起着火事故的直接原因。

3）车间安全员未办理动火作业证，也未在动火前做全面的安全检查，属于失职和违章作业行为。由于负责动火审批的企业安全主管部门的技术人员不知道车间动火的信息，未到动火现场，这样一来，车间即失去了安全技术人员指导和监督、检查。这是乙炔气瓶着火事故的主要原因。

（2）防范措施。

1）严格执行《动火作业禁令》中有关在禁火区动火的前必须办理动火作业证的安全规定。

2）按有关规定，在动火作业中，乙炔气瓶放置点与动火点之间的水平距离不少于 5m。

3）在施焊作业前，对气瓶及其安全附件、工具、相关设备、作业现场进行详细的安全检查，保证动火安全措施逐渐落实。

4）鉴于这起着火事故发生后现场员工的不同表现：有的临危不惧，或立即去打厂内消防电话报警，或提起灭火器灭火，而有的不知所措，这一现象反映出员工在心理素质和现场抢险、救护技能方面存在的明显差异。针对这一情况，企业应加强安全管理，尤其要进行深入的安全教育培训工作。要结合实际情况，制定事故应急预案，经常开展岗位安全技术练兵、事故防范演练，以求不断提高员工的安全生产意识、突发事故现场的心理适应能力和事故应急救援技能。

2. 氧气瓶的割炬漏气着火

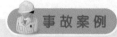

> 2006 年 8 月 30 日,选煤厂职工李××、张××、王××三人进行给煤机上溜槽更换施工,在割除旧溜槽时,割炬漏气,班长李××让更换割炬,处理好漏气处后再割除,王××说:一会就完了,注意点就行,李××看看时间没再坚持,王××继续割除剩余不多的溜槽钢板,继续施工作业。突然发生回火,调节轮处冒出的火炬苗把王××的右手烧伤起泡,氧气胶管接头处爆裂并着火,李××见状赶紧跑过去握紧氧气线和乙炔线,并让张××关闭乙炔瓶和关闭氧气瓶阀门。才没有发生更大的事故,只是王××的右手轻度烧伤。这是一场非常危险的侥幸事故。

(1) 事故发生原因。

1) 直接原因。在检修更换溜槽进行气割作业时,为尽早完成更换任务,没有将漏气的割炬处理好施工,造成回火伤人。

2) 主要原因。在明知道割炬漏气的情况下,不及时消除安全隐患违章作业,自保互保意识差。班长同时又是施工项目负责人,发现安全隐患和职工违章作业不坚决制止,没尽到现场安全管理责任和监护责任,放任职工违章作业。

3) 间接原因。工区对职工安全管理、安全教育、措施贯彻学习力度不够,职工安全意识薄弱,自保、互保意识差,图省事,轻安全。

(2) 防范措施。

1) 本单位要立即开展各岗位安全技术操作规程培训活动,规范职工作业行为,提高职工安全责任心,切实将此项工作抓到根上，落到实处，从根本上提高职工对隐患的辨别和防范能力。

2）各单位要认真组织职工讨论此次事故的危害，迅速开展"反事故、反三违"讨论活动，举一反三，深刻反思，开展好警示教育。

3）各单位要进一步明确和落实各级安全生产责任制，加大现场安全管理力度，并加强特殊作业人员的安全培训和管理。

4）各级管理人员要接受教训，真正找出自身工作中的不足，制定严细的工作标准，在今后的工作中要以身作则，靠前指挥，坚决杜绝此类安全事故的发生，确保矿井和选煤厂的安全生产。

3. 动火场地不符合要求，引燃大火

事故案例

　　1997年2月，焊工顾某向驻船消防员申请动火，消防员未到现场就批准动火。顾某气割爆丝后，舱底的油污遇火花飞溅，引燃熊熊大火。看火员用水和灭火机扑救不成，并迅速扩大，造成5死、1重伤、3轻伤。

（1）事故发生原因。

1）消防员失职，盲目审批。

2）动火部位下方有油污。

3）现场人员灭火知识缺乏。

（2）防范措施。

1）消防员接申请动火报告后，要深入现场察看，确认安全才能下发动火证。

2）要清除动火部位下方的油污。

3）要加强员工的安全知识学习。

4. 无证违章操作，酿特大火灾

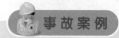

　　2000 年 12 月 25 日晚，圣诞之夜。位于洛阳市老城区的东都商厦楼前五光十色，灯火通明。台商新近租用东都商厦的一层和地下一层开设郑州丹尼斯百货商场洛阳分店，计划于 26 日试营业，正紧张忙碌地继续为店貌装修，商厦顶层 4 层开设的一个歌舞厅正举办圣诞狂欢舞会，然而就在大家沉浸于圣诞节的欢乐之时，楼下几簇小小的电焊火花将正在装修的地下室烧起，火势和浓烟顺着楼梯直逼顶层歌舞厅，酿成了本世纪末的特大灾难，夺走了 309 人的生命。

　　（1）事故发生原因。

　　1）着火的直接原因是雇用的 4 名焊工没有受过安全技术培训，在无特种作业人员操作证的情况下进行违章作业。

　　2）没有采取任何防范措施，野蛮施工致使火红的焊渣溅落下引燃了地下二层家具商场的木制家具、沙发等易燃物品。

　　3）在慌乱中用水龙头向下浇水自救火不成，几个人竟然未报警逃离现场。贻误了灭火和疏散的时机。

　　（2）预防措施。

　　1）焊工应持证上岗；在焊接过程中要注意防火。

　　2）焊接场所应采取妥善的防护措施。

　　3）要设专职安全员监视火种。

　　4）易燃品要远离工作场地 10m 以外，如移不去应采取切实可行的隔离措施。

5）备有一定数量的灭火器材，如砂箱、泡沫灭火机等。

6）事故发生后应立即报警，争取时间把火灾损失减到最小。

7）要加强雇员的职业道德教育。

5. 电焊作业留下隐患导致事故

事故案例

4月26日19时许，某棉纺织厂维修车间工段长李某和两名维修工，带着电焊机等工具到本厂一分厂车间维修轧花机。当时轧花机四周地面上有许多棉杂物及废料，按照厂里有关安全制度规定，"在有易燃易爆物处，不得使用明火作业，必须使用明火时，一定要有厂安全监督人员或消防人员到现场，采取安全防范措施"。然而，身为车间工段长的李某，由于急于维修设备，却疏忽了这一制度规定。在焊接作业中，飞溅的火星纷纷扬扬洒落在棉杂物里。到21时许，李某等人维修完了轧花机，因时间已晚，急于回家，没有按照规定认真检查作业现场是否留有火灾的隐患，就急急忙忙收拾好工具回家去了。他们没有想到，设备是修好了，可是火灾的隐患也留了下来。那些飞溅的小焊渣落到棉杂物中并没有完全熄灭，经过一段时间的阴燃，在夜晚微风的吹拂下，火苗由小渐大，火灾终于发生了。零时30分左右，一车间职工上厕所路过轧花机房，发现火情后立即大呼"救火"，另一位工人听见呼救声赶紧拨通了119报警，其他车间上夜班的职工纷纷关闭机台，提着灭火器材跑向火场灭火。经奋力扑救，火灾及时扑灭，但是已造成一定的损失。

（1）事故发生原因。

在焊接作业中违章作业，作业后消除事故隐患不力。违反有关易燃易爆场所明火作业的规定，更重要的是缺乏责任感和安全意识，疏忽大意。

（2）防范措施。

企业安全管理部门应针对非正常工作时间和非正常工作条件下的作业，特别是特种作业，要研究有效的安全管理办法；同时采取有力措施，加强对维修作业人员和特种作业人员的安全教育，加强安全管理工作。

6. 换气不规范造成氧气管爆燃

事故案例

　　某月10日上午11时20分左右，石灰车间维修班焊工杜某，在石灰车间5#电除尘西北侧料场用气割炬割垫铁时，氧气用完。换气瓶完毕后点火，氧气管发生爆燃，造成右大腿后侧烧伤。

（1）事故发生原因。

1）在换气操作中，由于乙炔、氧气调节阀未关严，导致乙炔回入氧气管是造成事故的直接原因。

2）杜某安全意识不强，未按照操作规程操作，是造成事故的间接原因。

（2）防范措施。

1）工作前要认真检查焊割炬射吸性、气密性，保证焊割工具符合安全要求。

2）加强安全教育、强化安全意识，提高安全操作技术能力。

八、爆炸事故案例

1. 无证电焊作业

 事故案例

　　2010年4月29日上午10时许，位于附海镇的某家电制造企业，突然传出"嘭"的一声巨响，一股浓烟蹿出电机车间窗户。两名浑身冒火的工人从操作车间奔跑出来，被惊动赶过来的工友七手八脚扑灭他们身上的火，两名工人立即被送往医院。车间的大火被快速赶来的消防队员扑灭，但已经造成一人死亡。

（1）事故发生原因。

该企业电机车间有台自动沉浸机，用来给电机锭子上绝缘漆并烘干。因一侧门的铰链断裂需要进行维修，车间机修工张某某和韦某某在未取得电焊特种作业操作证的情况下，用电焊机对断裂处进行焊接，而自动沉浸机关停后，设备自带的排风机停止工作，沉浸槽内的绝缘漆中含有易燃易爆特性的甲苯继

续挥发，与空气混合形成可燃气体，积存在相对封闭的沉浸机内，待浓度达到爆炸临界点时，遇电焊产生的明火发生爆炸，并引发大火。该企业的机修工未经专业培训，缺乏应有的操作知识，对作业场所的危险性认识不足，盲目操作，导致事故的发生。事故也与企业管理上存在缺陷、安全培训不到位分不开。

（2）防范措施。

1）要严格落实焊工必须经相关部门培训合格并取得相应的资格证书后方可上岗作业的制度。

2）要严格落实动火审批制度。要落实防火灾措施。

3）要做好作业前的安全准备工作。要严格作业中的安全操作。

2. 油罐区焊接作业爆炸事故

事故案例

2000年7月1日，为解决柴油存放一段时间后，由棕黄色变为深灰色的质量问题，某厂领导决定采用临淄某个体技术人员的脱色技术，在柴油罐间加活性剂罐、混合罐、管道泵，将307号罐、308号罐的柴油，经管道泵注入混合罐，同来自活性剂罐的活性剂混合脱色后，注入204号罐储存外销。分管生产的副厂长直接安排生产设备部牵头，由机动车间维修班负责焊接安装。整个作业，采用先将混合罐、活性剂罐、管道泵定位后，再对接同柴油罐相连接的阀门、法兰、管道，现场进行焊接的方法。

7月2日上午，已将混合罐、活性剂罐、管道泵定位，并同308号罐对连焊接完毕，下午继续进行与204号罐的对接。18时45分，在焊接与204号罐相接的管道时，发生爆炸，204号罐罐体炸飞，南移3.5m落下，罐内柴油飞溅着火，同时将该罐同307号罐之间的管道从307号罐根部阀前撕断，307号罐中400余吨柴油从管口喷出着火。现场施工的10人，突然被柴油烈火掩盖，瞬间即被烧死。307号罐在204号罐爆炸起火后45分钟，再次发生爆炸，罐底焊缝撕开12m左右，罐内剩余柴油急速涌出，着火的柴油顺混凝土地面流至附近的操作室，操作室被烧毁；流至装置管排底部，管排管架被烧塌；流至厂区大门以外，将部分大树烧死。事故发生后，地市县及厂消防队及时赶到扑救，大火于20时45分被扑灭，没有造成罐区其他汽油、柴油罐的爆炸，避免了更大的损失。

（1）事故发生原因。

1）直接原因。在焊接与204号罐底部闸板阀对接的管道时发生的。204号罐以前装过柴油，但已长时间没有使用，只是偶尔当作生产中吹扫管道时的储气罐使用。在罐内约有15m³放不出来的柴油，阀门以上无油，有充分的挥发空间，挥发后的柴油与罐内的空气混合，形成爆炸性混合气体。7月2日16时45分，维修班在电焊焊接时，204号罐内的爆炸性混合气体泄漏进正在焊接的管道内，电焊明火引起管道内气体的爆炸，并且通过板阀阀瓣底部的缝隙，引起204号罐内混合气体的爆炸。

2）间接原因。

a. 违章作业。该厂是一家小石油化工厂，无原油常减压蒸馏工段，只有催裂化润滑油工序，生产汽油、柴油、润滑油、液化气等产品，经济效益较好，年利税过亿元。但是，该厂缺乏安全技术管理人才，虽然参照其他石油化工厂的经验，制定了不少，但是制度执行不严，违章指挥、违章作业现象时有发生。如该次施工作业，按制度规定，成品油罐区为一类禁火区，要动火，必须经安全生产厂长、总工程师批准，安全处室专职安全人员、施工人员签字、办理一级动火证，制定严密的防范措施，有消防、安全、专职人员现场监督，确保不出事故方能动火作业。但该厂生产副厂长直接安排生产设备部和机动车间维修班施工，没有办理一级动火证，也没有通知总工程师、安保部、消防队审查施工方案并进行监督检查，失去了制止违章作业及采取防范措施防止事故发生的机会。另外，制度规定，动火作业必须同生产系统有效隔绝，而且专门制定了抽堵盲板的制度，但施工人员虽然制作了盲板，并且带到了现场，但没有使用，仅以关闭阀门代替插入盲板同油罐隔绝。阀门关闭以后虽然不漏油，但是在使用过程中，由于关闭不严，留有一定间隙，特别是在有一定压力或温度差别时，阀门可能会漏气。因此上午焊接 308 号罐时，因 308 号罐盛满柴油，没有发生事故，而在下午焊接 204 号罐的管道时，因阀门间隙漏气引起油罐内混合气体的爆炸着火。

b. 对柴油性质认识不足。柴油虽然不是易挥发的一级易燃易爆品，但是，柴油是混合物，其中所含的介于汽油、柴油之间的轻沸点馏分，在夏季高温情况下，挥发积聚于油罐相对密封的上部空间，形成了爆炸性混合气体，遇明火就会造成爆炸。

c. 307 罐、204 号罐原设计为消防用清水罐，位于成品罐区西防火堤外侧，当改为柴油储罐后，周围没有再加防火堤，也没有设立明显的禁火标志，这也是造成施工人员未办理一级动火证违章施工的原因之一。

d. 专职安全管理人员安全技术素质低。厂安全保卫部负责安全生产的副部长在巡回检查中，已发现了施工人员在一类禁火区动火作业，但他没有按规章制度制止他们的违章作业，只是在施工人员从车间办的二级动火证上签上自己的名字，代替厂一级动火证，使他们的违章作业合法化，但又没有按一级动火证要求提出防止事故的措施，导致了事故的发生。

（2）防范措施。

1）要严格遵守安全规章制度，严禁违章作业。

2）要开展全员安全生产规章制度教育与安全生产技术知识教育，提高全体人员遵章守纪的自觉性，增强安全意识，提高安全技术水平与自我防护能力。

3）在安全生产管理上，要选用有生产管理实践经验及安全技术管理经验，专业知识丰富，技术素质较高的人员，以适应工作的需要，关键时刻起到管理把关作用，防止事故的发生。

第六节　焊接与切割安全卫生防护

一、焊接安全生产防护的重要性

焊工在焊接时要与电、可燃及易爆的气体、易燃液体、压力容器等接触，焊接时会产生一些因素如有害气体、金属蒸气、烟尘、电弧辐射、高频磁场、噪声和射线等，有时还要在高处、水下、容器设备内部等特殊环境作业。所以，焊接生产中存在一些危险因素，如触电、灼伤、火灾、爆炸、中毒、窒息等，因此必须重视焊接安全生产防护工作。

国家有关标准明确规定，金属焊接（气割）作业是特种作业，焊工是特种作业人员。特种作业人员，须进行培训并经考试合格后，方可上岗作业。

二、焊接过程中的有害因素

焊接过程中产生的有害因素是有害气体、焊接烟尘、电弧辐射、高频磁场、噪声和射线等。各种焊接方法焊接过程中产生的有害因素。

1. 焊接烟尘

（1）来源。在温度高达 3000～6000℃ 的电气焊过程中，焊接原材料中金属元素的蒸发气体，在空气中迅速氧化、冷凝，从而形成金属及其化合物的微粒。直径小于 $0.1\mu m$ 的微米称为烟，直径在 $0.1～10\mu m$ 的微粒称为尘，这些烟和尘的微粒飘浮在空气中便形成了烟尘。电焊烟尘的化学成分取决于焊接材料和母材料成分及其蒸发的难易程度。熔点和沸点低的成分蒸发量较大。熔化金属的蒸发，是焊接烟尘的重要来源。

（2）危害。低氢型焊条焊接时，还会产生有毒的可溶性氟。低氢型焊条产生的粉尘量约为酸性焊条的两倍。低氢钾型（18.1g/kg）低氢钠型（15.6g/kg）。在防护不力、措施不良的环境下，长期接触焊接烟尘，可能导致焊工尘肺、焊工锰中毒、焊工氟中毒和焊工金属热等病症。

烟尘损害事故案例：1995 年 5 月，在机组小修工作中，1 名焊工进入烟道内进行焊补工作。由于焊接作业环境极差，烟尘密布，而焊工本人也未对此次焊接作业的安全事项引起足够重视，在焊接开始几分钟后，即窒息而晕倒，经监护人发现后立即救出现场才幸免于难。

锰中毒事故案例：1996 年 4～7 月，锅炉检修分场制作排粉机叶轮，2 名焊工被安排负责全部焊接工作，使用普通 J422、J507 焊条。焊接过程中，由于连续作业时间长，焊工又不注重个人安全防护，未能采取戴口罩、间歇性作业等措施，几个月的焊接工作完成后，在后来的体检中，查出这 2 名焊工有锰中毒现象，遂安排住院治疗。后来，公司针对本次事件制定了详细的预防措施，并配备了防毒面具，使得类似事故再没有发生过。

2. 有毒气体

（1）来源。电气焊时，特别是电弧焊，焊接区周围空间由于电弧高温和强烈紫外线的作用，可形成多种有毒气体，主要有臭氧、氮氧化物、一氧化碳和氟化氢等。

（2）危害。主要是对呼吸道及肺有强烈的刺激作用，浓度超过一定极限时，往往引起支气管炎、引起上呼吸道黏膜发炎、慢性支气管炎等，严重时窒息或致死。

3. 弧光辐射

（1）辐射强度。以焊条电弧焊辐射强度为基数：① 二氧化碳是 2～3 倍；② 氩弧焊是 5～10 倍；③ 等离子弧焊是 8～20 倍。

（2）紫外线。紫外线可引起皮炎、电光性眼炎，破坏织物纤维。

（3）红外线。红外线可对人体引起组织热作用，影响视力。

（4）可见光线。受照射眼睛有疼痛感。

4. 噪声

（1）来源。主要是等离子弧喷枪内气流起伏、振动、摩擦、高速喷出和碳弧气割时产生噪声。

（2）危害。危害听觉器官，引起中枢神经系统和血管系统失调，还可引起内分泌系统失调。

（3）防护。防护的方法有：① 改进工艺；② 隔音措施；③ 个人防护。

5. 放射性物质

（1）来源。作为电极的钍钨棒中的钍是天然放射性物质。

（2）防护。隔离、屏蔽存放，磨削时戴口罩。

6. 高频电磁场

（1）来源。高频振荡器。

（2）防护的方法有：① 隔离屏蔽；② 减少使用时间；③ 改进工艺。

三、各类焊接方式造成的潜在安全卫生影响

1. 手工电弧焊

电焊打眼经常发生，电焊烟尘是主要有害因素，会造成呼吸系统疾病或锰中毒，触电的危险也很大。

2. 氩弧焊

弧光辐射的强度比手工电弧焊大，强烈的紫外线照射能引起红斑、小水泡等皮肤疾病，存在高频电磁辐射和放射性危害，有毒气体臭氧和氮氧化物会造成呼吸系统疾病，存在触电危险。

3. 气焊与气割

火灾和爆炸是主要危险，焊接铜、铝等有色金属时，有毒气体会引起急性中毒。

4. 碳弧气刨

高浓度的烟尘是主要有害因素，会造成呼吸系统疾病或中毒，操作中火花飞溅，可能造成灼烫或火灾。

5. 等离子切割

弧光辐射、臭氧、氮氧化物浓度均高于氩弧焊，同时还存在噪声、高频电磁场、热辐射和放射性等有害因素，劳动卫生条件差，存在触电危险。

四、焊接与切割作业防护措施

1. 焊接劳动保护

焊接劳动保护是指为保障焊工在焊接生产过程中的安全和健康所采取的措施。焊接劳动保护应贯穿于整个焊接过程中。加强焊接劳动保护的措施主要应从两方面来控制：一是从采用和研究安全卫生性能好的焊接技术及提高焊接机械化、自动化程度方面着手；二是加强焊工的个人防护。

安全卫生性能好的焊接技术措施见表2-2。

表2-2　　　　　　　安全卫生性能好的焊接技术措施

目　的	措　施
全面改善安全卫生条件	1. 提高焊接机械化、自动化水平； 2. 对重复性生产的产品，设计程控焊接生产线； 3. 采用各种焊接机械手和机器人
取代手工焊，以消除焊工触电的危险和电焊烟尘危害	1. 优先选用安全卫生性能好的埋弧焊等自动焊方法； 2. 对适宜的焊接结构采用高效焊接方法； 3. 选用电渣焊
避免焊工进入狭窄空间焊接，以减少焊工触电和电焊烟尘对焊工的危害	1. 对薄板和中厚板的封闭和半封闭结构，应优先采取利用各类衬垫的埋弧焊单面焊双面成型工艺； 2. 创造条件，采用平焊工艺； 3. 管道接头，采用单面焊双面成型工艺
避免焊条电弧焊触电	每台焊机应安装防电击装置
降低氩弧焊的臭氧发生量	在氩气中加入0.3%的一氧化碳，可使臭氧发生量降低90%
降低等离子切割的烟尘和有害气体	1. 采用水槽式等离子切割工作台； 2. 采用水弧等离子切割工艺
降低电焊烟尘	1. 采用发尘量较低的焊条； 2. 采用发尘量较低的焊丝

2. 个人防护措施

当作业环境良好时，如果忽视个人防护，人体仍有受害危险，当在密闭容器内作业时危害更大。因此，加强个人的防护措施至关重要。一般个人防护措施除穿戴好工作服、鞋、帽、手套、眼镜、口罩、面罩等防护用品外，必要时可采用送风盔式面罩。

（1）预防烟尘和有毒气体。

当在容器内焊接，特别是采用氩弧焊、二氧化碳气体保护焊，或焊接有色金属时，除加强通风外，还应戴好通风帽。使用时用经过处理的压缩空气供气，切不可用氧气，以免发生燃烧事故。

（2）预防电弧辐射。

我们已经知道，电弧辐射中含有的红外线、紫外线及强可见光对人体健康有着不同程度的影响，因而在操作过程中，必须采取以下防护措施：工作时必须穿好工作服（以白色工作服最佳），戴好工作帽、手套、脚盖和面罩。在辐射强烈的作业场合如氩弧焊时，应穿耐酸的工作服，并戴好通风帽。在高温条件下应穿石棉工作服。工作地点周围，应尽可能放置屏蔽板，以免弧光伤害别人。

（3）对噪声的防护。

长时间处于噪声环境下工作的人员应戴上护耳器，以减小噪声对人的危害程度。护耳器有隔音耳罩或隔音耳塞等。耳罩虽然隔音效能优于耳塞，但体积较大，戴用稍有不便。耳塞种类很多，常用的有耳研 5 型橡胶耳塞，具有携带方便、经济耐用、隔音较好等优点。该耳塞的隔音效能低频为 10~15dB，中频为 20~30dB，高频为 30~40dB。

（4）对电焊弧光的防护。

1）电焊工在施焊时，电焊机两极之间的电弧放电，将产生强烈的弧光，这种弧光能够伤害电焊工的眼睛，造成电光性眼炎。为了预防电光性眼炎，电焊工应使用符合劳动保护要求的面罩。面罩上的电焊护目镜片，应根据焊接电流的强度来选择，用合乎作业条件的遮光镜片。

2）为了保护焊接工地其他人员的眼睛，一般在小件焊接的固定场所和有条件的焊接工地都要设立不透光的防护屏，屏底距地面应留有不大于300mm的间隙。

3）合理组织劳动和作业布局，以免作业区过于拥挤。

4）注意眼睛的适当休息。焊接时间较长，使用规模较大，应注意中间休息。如果已经出现电光性眼炎，应到医务部门治疗。

（5）对电弧灼伤的防护。

1）焊工在施焊时必须穿好工作服，戴好电焊用手套和脚盖。绝对不允许卷起袖口，穿短袖衣以及敞开衣服等进行电焊工作，防止电焊飞溅物灼伤皮肤。

2）电焊工在施焊过程中更换焊条时，严禁乱扔焊条头，以免灼伤别人和引起火灾事故发生。

3）为防止操作开关和闸刀时发生电弧灼伤，合闸时应将焊钳挂起来或放在绝缘板上，拉闸时必须先停止焊接工作。

4）在焊接预热焊件时，预热好的部分应用石棉板盖住，只露出焊接部分进行操作。

5）仰焊时飞溅严重，应加强防护，以免发生被飞溅物灼伤的事故。

（6）对高温热辐射的防护。

1）电弧是高温强辐射热源。焊接电弧可产生3000℃以上的高温。手工焊接时电弧总热量的20%左右散发在周围空间。电弧产生的强光和红外线还造成对焊工的强烈热辐射。红外线虽不能直接加热空气，但在被物体吸收后，辐射能转变为热能，使物体成为二次辐射热源。因此，焊接电弧是高温强辐射的热源。

2）通风降温措施。焊接工作场所加强通风设施（机械通风或自然通风）是防暑降温的重要技术措施，尤其是在锅炉等容器或狭小的舱间进行焊割时，应向容器或舱间送风和排气，加强通风。在夏天炎热季节，为补充人体内的水分，给焊工供给一定量的含盐清凉饮料，也是防暑的保健措施。

（7）对有害气体的防护。

1）在焊接过程中，为了保护熔池中熔化金属不被氧化，在焊条药皮中有大量产生保护气体的物质，其中有些保护气体对人体是有害的，为了减少有害气体的产生，应选用高质量的焊条，焊接前清除焊件上的油污，有条件的要尽量采用自动焊接工艺，使焊工远离电弧，避免有害气体对焊工的伤害。

2）利用有效的通风设施，排除有害气体。车间内应有机械通风设施进行通风换气。在容器内部进行焊接时，必须对焊工工作部位送新鲜空气，以降低有害气体的浓度。

3）加强焊工个人防护，工作时戴防护口罩；定期进行身体检查，以预防职业病。

（8）对机械性外伤的防护。

1）焊件必须放置平稳，特殊形状焊件应用支架或电焊胎夹以保持稳固。

2）焊接圆形工件的环节焊缝，不准用起重机吊转工件施焊，也不能站在转动的工件上操作，防止跌落摔伤。

3）焊接转胎的机械传动部分，应设防护罩。

4）清铲焊接时，应带护目镜。

五、事故案例

1. 电焊工无防护用品工作

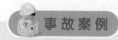

　　2003 年 10 月份，上海港局某机械加工厂电焊车间承担一批急需焊接的零部件。当时车间有专业焊工程

3 名，因交货时间较紧，3 台手工焊机要同时开工。由于有的零部件较大，有的需要定位焊接，电焊工人不能独立完成作业，必须他人协助才行。车间主任在没有配发任何防护用品的情况下，临时安排 3 名其他工人（钣金工）辅助电焊工操作。电焊车间约 40m²，高 10m，3 台焊机同时操作，3 名辅助工在焊接时需要上前扶着焊件，电光直接照射眼睛和皮肤，他们距离光源大约 1m，每人每次上前约 30、60min 不等。工作了半天，下班回家不到 4h，除电焊工配戴有防护用品没有任何部位灼伤外，3 名辅助工的眼睛、皮肤都先后出现了症状，其情况报告如下：

3 名辅助工均为男性，年龄在 25～40 岁之间。当电光灼伤 4h 出现眼睛剧痛、怕光、流泪、皮肤有灼热感，痛苦难忍，疼痛剧烈，即日下午到医院求治。检查发现 3 人两眼球结膜均充血、水肿、面部、颈部等暴露部位的皮肤表现为界限清楚的水肿性红斑，其中 1 名辅助工穿着背心短裤上前操作，结果肩部、两臂及两腿内侧均出现大面积水疱，并且有部分已脱皮。3 人均按烧伤给予对症处理。主要采用局部用药和脱离现场休息。眼部症状经治疗 2 天痊愈，视力恢复。皮肤灼伤部位经门诊治疗痊愈，未留任何疤痕。

（1）事故发生原因。

该车间属于专业车间，由机械厂统一安排生产。该厂领导在生产任务重的情况下，没有充分考虑车间实际情况，而一味要求按时完成任务，致使车间主任盲目组织，在辅助工没有任何防护用品的情况下作业，违反了《中华人民共和国职业病防

《治法》第二十八、二十九、三十六条规定。

尽管电光对眼睛、皮肤的灼伤在短期内可以治愈，但它给工人带来的痛苦确实极大，如果多次灼伤可以影响视力。此外，还有些毒物对机体的损伤是不可逆转的，可以给工人造成终身残疾。所以，在任何时候对工人的防护都是不可忽视的，这一点必须引起单位领导、职工个人、职业卫生管理人员的高度重视。

（2）防范措施。

1）严格按章作业。

2）配戴好劳动保护，面罩、电焊手套、脚盖、眼镜等。

3）严禁站在工件上焊接，如有需要采取绝缘措施。

4）杜绝"三违"，做到自保互保。

5）加强专业技能学习，提升责任心和业务技能。

2. 焊工未按要求穿戴防护用品，触电身亡

事故案例

1999 年 5 月 12 日上午，上海某机械厂结构车间，用数台焊机对产品机座进行焊接，当一焊工右手合电闸，左手扶焊机一瞬间，随即"哇"大叫一声倒在地上，经送医院抢救无效死亡。

（1）事故发生原因。

1）电焊机机壳带电。

2）焊工未穿绝缘鞋。

3）焊机接地失灵。

（2）防范措施。

1）穿戴好劳动保护用品。

2）加强设备隐患检查，及时处理隐患。

第七节　作业现场的紧急救护

一、事故现场急救的目的有以下几方面

1. 挽救生命

通过及时有效的急救措施，如对心跳呼吸停止的伤员进行心肺复苏，以挽救生命。

2. 稳定病情

在现场对伤员进行对症、医疗支持及相应的特殊治疗与处置，以使病情稳定，为下一步的抢救打下基础。

3. 减少伤残

发生事故特别是重大或灾害事故时，不仅可能出现群体性中毒，往往还可能发生各类外伤，诱发潜在的疾病或使原来的某些疾病恶化，现场急救时正确地对病伤员进行冲洗、包扎、复位、固定、搬运及其他相应处理可以大大降低伤残率。

4. 减轻痛苦

通过一般及特殊的救护安定伤员情绪，减轻伤员的痛苦。减轻伤病员的痛苦降低伤残和死亡率。

5. 原则

先救命后治伤，减轻伤病员的痛苦降低伤残和死亡率。

6. 主要任务

镇定有序的指挥迅速排除致命和致伤因素判断伤者，应检查（神志、呼吸、心跳、脉搏、瞳孔）止血如有腹腔脏器脱出或颅脑组织膨出，可用干净毛巾、软布料或瓷碗等加以保护。有骨折者用木板等临时固定。神志昏迷者，未明了病因前，注意心跳、呼吸、两侧瞳孔大小。有舌后坠者，应将舌头拉出或用别针穿刺固定在口外，防止窒息。迅速而正确地转运。

7. 基本程序

（1）观察现场，检伤，初步评估。

（2）电话求救、安慰伤者，说明将要进行的救助程序。

（3）现场急救。安全、预防感染、避免再度伤害，争取时间挽救生命。

二、触电急救方法

1. 人工呼吸法

人工呼吸的目的，就是采取人工的方法来代替肺的呼吸活动，及时而有效地使气体有节律的进入和排出肺脏，供给体内足够氧气和充分排出二氧化碳、维持正常的通气功能，促使呼吸中枢尽早恢复功能，使处于假死的伤员尽快脱离缺氧状态，使机体受抑制的功能得到兴奋，恢复人体自动呼吸。它是复苏伤员一种重要的急救措施。

人工呼吸具体操作要有步骤地进行。

（1）环境要安静，冬季要保温，伤员平卧，解开衣领，松开围巾和紧身衣服，放松裤带，以利呼吸时胸廓自然扩张。在伤员的肩背下方可垫软物，使伤员的头部充分后仰，呼吸道尽量畅通，减少气流的阻力，确保有效通气量；同时，这也可以防止舌根陷落而堵塞气流通道。然后，将病人嘴巴掰开，用手指清除口腔中的异物，如假牙、分泌物、血块、呕吐物等，以免阻塞呼吸道。

（2）抢救者站在伤员一侧，以近其头部的手紧捏伤员的鼻子（避免漏气）并将手掌外缘压住额部，另一只手托在伤员颈部，将颈部上抬，头部充分后仰，鼻孔呈朝天位，使嘴巴张开准备接受吹气。

（3）抢救者先吸一口气，然后嘴紧贴伤员的嘴大吹气，同时观察其胸部是否膨胀隆起，以确定吹气是否有效和吹气是否适度。

（4）吹气停止后，抢救者头稍侧转，并立即放松捏鼻子的手，让气体从伤员的鼻孔排出。此时注意胸部复原情况，倾听呼气声，观察有无呼吸道梗阻。如此反复而有节律地人工呼吸，不可中断，每分钟吹气应在 12～16 次。进行人工呼吸要注意，口对口的压力要掌握好，开始时可略大些，频率也可稍快些，经过一、二十次吹气后逐渐减少压力，只要维持胸部轻度升起即可。如遇到伤者嘴巴掰不开的情况，可改用口对鼻孔吹气的办法，吹气时压力稍大些，时间稍长些，效果相仿。采取这种方法，只有当伤员出现自动呼吸时，方可停止。但要紧密观察，以防出现再次停止呼吸。

2. 体外心脏按压法

体外心脏按压法，是指通过人工方法有节律地对心脏按压，来代替心脏的自然收缩，从而达到维持血液循环的目的，进而恢复心脏的自然节律，挽救伤员的生命。体外心脏按压法简单易学，效果好，不要设备，也不会增加创伤，便于推广普及。

体外心脏按压法的具体操作按下述步骤进行。

（1）使伤员就近卧于硬板上或地上，注意保暖，解开伤员衣领，使其头部后仰侧偏。

（2）抢救者站在伤员左侧或跪跨在病人的腰部。

（3）抢救者以一手掌置于伤员胸骨下 1/3 段，即中指对准其颈部凹陷的下缘，另一只手掌交叉重叠于该手背上，肘关节伸直，依靠体重和臂、肩部肌肉的力量，垂直用力，向脊柱方向冲击性地用力施压胸骨下段，使胸骨下段与其相连的肋骨下陷 3~4cm，间接压迫心脏使心脏内血液博出。

（4）挤压后突然放松（要注意掌根不能离开胸壁），依靠胸廓的弹性，使胸骨复位。此时心脏舒张，大静脉的血液就回流到心脏。

在进行体外心脏按压时要注意，首先，操作时定位要准确，用力要垂直适当，要有节奏地反复进行。防止因用力过猛而造成继发性组织器官的损伤或肋骨内折。其次，挤压频率一般控制在每分钟 60~80 次，有时为了提高效果，可增加挤压频率，达到每分钟 100 次左右。第三，抢救时必须同时兼顾心跳和呼吸。最后，抢救工作一般需要很长时间，在没送医院之前，抢救工作不能停止。

以上两种抢救方法适用范围比较广，除用于电击伤外，对遭雷击、急性中毒、烧伤、心跳骤停等因素所引起的抑制或呼吸停止的伤员都可采用，有时两种方法可交替进行。

三、现场急救预防措施

（1）保证工作环境通风良好。

（2）采用密闭装置，定期检查防止跑、冒、滴、漏；

（3）排放的废气要经过处理或回收，减少大气污染；生产中要严格执行安全操作规程和规章制度；

（4）工人要掌握防毒知识、如何使用防毒面具、如何冲洗

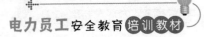

皮肤、眼睛等，并定期检查身体。

四、事故现场急救"六戒"

一戒惊慌失措，二戒因小失大，三戒随意搬动，四戒舍近求远，五戒乱用药，六戒自作主张乱处理。

第三章

焊接与切割作业安全技术

第一节 焊条电弧焊与电弧切割 作业安全技术

一、焊条电弧焊与电弧切割的基本原理

1. 焊条电弧焊的基本原理

焊条电弧焊是工业生产中应用最广泛的焊接方法,它的原理是利用电弧放电(俗称电弧燃烧)所产生的热量将焊条与工件互相熔化并在冷凝后形成焊缝,从而获得牢固接头的焊接过程。

电弧概念:在工件与焊条两电极之间的气体介质中持续强烈的放电现象称为电弧。焊条电弧焊焊接低碳钢或低合金钢时,电弧中心部分的温度可达 6000~8000℃,两电极的温度可达到 2400~2600℃。

2. 电弧切割的基本原理

电弧切割主要有碳弧气割、碳弧刨割条和等离子弧切割。

(1)碳弧气割。

碳弧气割是利用碳极电弧的高温,把金属的局部加热到熔化状态,同时用压缩空气的气流把熔化金属吹掉,从而达到对金属进行切割的一种加工方法,目前,这种切割金属的方法在金属结构制造部门得到广泛应用。

碳弧气割过程中,压缩空气的主要作用是把碳极电弧高温

加热而熔化的金属吹掉，还可以对碳棒电极起冷却作用，这样可以相应地减少碳棒的烧损。但是，压缩空气的流量过大时，将会使被熔化的金属温度降低，而不利于对所要切割的金属进行加工。

（2）碳弧刨割条。

电弧刨割条的外形与普通焊条相同，是利用药皮在电弧高温下产生的喷射气流，吹除熔化金属、达到刨割的目的。工作时只需交、直流弧焊机，不用空气压缩机。操作时其电弧必须达到一定的喷射能力，才能除去熔化金属。

（3）等离子弧切割。

等离子弧是自由电弧压缩而成的。在受到机械压缩、热压缩、磁压缩三种压缩的作用下，等离子弧的能量集中、温度更高、焰流速度大。

二、焊条电弧焊与电弧切割的适用范围

1. 焊条电弧焊的适用范围

焊条电弧焊是用手工操纵焊条进行焊接工作的，可以进行平焊、立焊、横焊和仰焊等多位置焊接。另外由于焊条电弧焊设备轻便，搬运灵活，所以说，焊条电弧焊可以在任何有电源的地方进行焊接作业。适用于各种金属材料、各种厚度、各种结构形状的焊接。

2. 电弧切割的适用范围

（1）用电弧切割对焊缝进行清根，比过去生产中常使用的风铲生产效率可提高数倍，尤其是在仰焊和立焊位置进行焊缝清根时，其优越性更为突出。

（2）改善了工人的劳动条件：过去在使用风铲进行开坡口和清根时，噪声和振动大，长年使用风铲工作的工人，多患有耳聋性职业病，而且劳动强度也很高。

（3）可以用电弧切割来加工焊缝坡口，特别适用于开 U 型坡口。

（4）使用方便，操作灵活：对处于窄小空间位置的焊缝，只要轻巧的刨枪能伸进去的地方，就可以进行切割作业。

（5）可以用电弧切割清除不合格焊缝中的缺陷，然后进行修复。也可以用电弧切割清理铸件的毛边、飞刺、浇铸冒口及铸件中的缺陷。

（6）可以用电弧切割的方法加工多种不能用气割加工的金属，如铸铁、不锈钢、铜、铝等。

（7）设备、工具简单，操作使用安全。只要有一台直流电焊机，有压缩空气，有专用的电弧切割极及碳棒，就可以工作了。不需要像氧—乙炔焰切割那样使用易燃、易爆气体，因此操作使用安全。

三、焊条电弧焊与电弧切割的安全特点

1. 焊条电弧焊的安全特点

（1）焊条电弧焊焊接设备的空载电压一般为 50～90V。而人体所能承受的安全电压为 30～45V，由此可见手工电弧焊焊接设备的空载电压高于人体所能承受的安全电压，所以当操作人员在更换焊条时，有可能发生触电事故。尤其在容器和管道内操作，四周都是金属导体，触电危险性更大。因此焊条电弧焊操作者在操作时应戴手套，穿绝缘鞋。

（2）焊接电弧弧柱中心的温度高达 6000～8000℃。焊条电弧焊时，焊条、焊件和药皮在电弧高温作用下，发生蒸发、凝结和气体，产生大量烟尘。同时，电弧周围的空气在弧光强烈辐射作用下，还会产生臭氧、氮氧化物等有毒气体，在通风不良的情况下，长期接触会引起危害焊工健康的多种疾病。因此焊接环境应通风良好。

（3）焊接时人体直接受到弧光辐射（主要是紫外线和红外线的过度照射）时，会引起操作者眼睛和皮肤的疾病。因此操作者在操作时应戴防护面具和穿工作服。

（4）焊条电弧焊操作过程中，由于电焊机线路故障或者飞溅物引燃可燃易爆物品以及燃料容器管道补焊时防爆措施不当等，都会引起爆炸和火灾事故。

2. 电弧切割的安全特点

电弧切割时，除应知道焊条电弧焊的安全特点外，还应注意以下几点：

（1）电弧切割过程中，由于有压缩空气的存在，露天操作时，应注意顺风方向进行操作，以防吹散的熔渣烧坏工作服和灼伤皮肤，并要注意周围场地的防火。

（2）在容器或舱室内部操作时，内部空间尺寸不能过于窄小，并要加强抽风及排除烟尘措施。

（3）切割时应尽量使用带铜皮的专用碳棒。

（4）电弧切割时使用电流较大，连续工作时间较长，要注意防止焊机超载，以免烧毁焊机。

为克服电弧切割的粉尘大、有气味的缺点，还可采用水碳弧气刨的方法，它的原理与一般碳弧气刨相同，只是在压缩空气中含有大量水雾，利用喷雾来降低碳弧气刨的粉尘污染。水碳弧气刨可使环境粉尘降低40%~60%左右。

四、焊条电弧焊的操作

焊条电弧焊最基本的操作是引弧、运条和收尾。

1. 引弧

引弧即产生电弧。焊条电弧焊是采用低电压、大电流放电产生电弧，依靠电焊条瞬时接触工件实现。引弧时必须将焊条末端与焊件表面接触形成短路，然后迅速将焊条向上提起2~

4mm 的距离，此时电弧即引燃。引弧的方法有两种：碰击法和擦划法。

（1）碰击法。也称点接触法后称敲击法。碰击法是将焊条与工件保持一定距离，然后垂直落下，使之轻轻敲击工件，发生短路，再迅速将焊条提起，产生电弧的引弧方法。此种方法适用于各种位置的焊接。

（2）擦划法。也称线接触法或摩擦法。擦划法是将电焊条在坡口上滑动，成一条线，当端部接触时，发生短路，因接触面很小，温度急剧上升，在未熔化前，将焊条提起，产生电弧的引弧方法。此种方法易于掌握，但容易沾污坡口，影响焊接质量。

上述两种引弧方法应根据具体情况灵活应用。擦划法引弧虽比较容易，但这种方法使用不当时，会擦伤焊件表面。为尽量减少焊件表面的损伤，应在焊接坡口处擦划，擦划长度以 20~25mm 为宜。

在狭窄的地方焊接或焊件表面不允许有划伤时，应采用碰击法引弧。碰击法引弧较难掌握，焊条的提起动作太快并且焊条提得过高，电弧易熄灭；动作太慢，会使焊条粘在工件上。当焊条一旦粘在工件上时，应迅速将焊条左右摆动，使之与焊件分离；若仍不能分离时，应立即松开焊钳切断电源，以免短路时间过长而损坏电焊机。

（3）引弧的技术要求。在引弧处，由于钢板温度较低，焊条药皮还没有充分发挥作用，会使引弧点处的焊缝较高，熔深较浅，易产生气孔，所以通常应在焊缝起贴后面 10mm 处引弧。

引燃电弧后拉长电弧，并迅速将电弧移至焊缝起点进行预热。预热后将电弧压短，酸性焊条的长约等于焊条直径，碱性焊条的弧长应为焊条直径的一半左右，进行正常焊接。

采用上述引弧方法即使在引弧处产生气孔，也能在电弧第二次经过时，将这部分金属重新熔化，使气孔消除，并且不会留引弧伤痕。为了保证焊缝起点处能够焊透，焊条可作适当的横向摆动，并在坡口根部两侧稍加停顿，以形成一定大小的熔池。

引弧对焊接质量有一定的影响，经常因为引弧不好而造成始焊的缺陷。综上所述，在引弧时应做到以下几点：

1）工件坡口处无油污、锈斑，以免影响导电能力和防止熔池产生氧化物。

2）在接触时，焊条提起时间要适当。太快，气体未电离，电弧可能熄灭；太慢则使焊条和工件粘合在一起，无法引燃电弧。

3）焊条的端部要有裸露部分，以便引弧。若焊条端部裸露不均，则应在使用前用锉刀加工，防止在引弧时，碰击过猛使药皮成块脱落，引起电弧偏吹和引弧瞬间保护不良。

4）引弧位置应选择适当，开始引弧或因焊接中断重新引弧，一般均应在离始焊点后面 10～20mm 处引弧，然后移至始焊点，待熔池熔透再继续移动焊条，以消除可能产生的引弧缺陷。

2. 运条

电弧引燃后，就开始正常的焊接过程。为获得良好的焊缝成形，焊条得不断地运动。焊条的运动称为运条。运条是电焊工操作技术水平的具体表现。焊缝质量的优劣、焊缝成形的好坏，主要由运条来决定。

运条由三个基本运动合成，分别是焊条的送进运动、焊条的横向摆动运动和焊条的沿焊缝移动运动。

（1）焊条的送进运动。主要是用来维持所要求的电弧长度。由于电弧的热量熔化了焊条端部，电弧逐渐变长，有熄弧的倾向，要保持电弧继续燃烧，必须将焊条向熔池送进，直至整根焊条焊完为止。为保证一定的电弧长度，焊条的送进速度应与焊条的熔化速度相等。否则会引起电弧长度的变化，影响焊缝的熔宽和熔深。

（2）焊条的摆动和沿焊缝移动。这两个动作是紧密相联的，而且变化较多、较难掌握。通过两者的联合动作可获得一定宽度、高度和一定熔深的焊缝。所谓焊接速度即单位时间内完成的焊缝长度。表示焊接速度对焊缝成形的影响。焊接速度太慢，会焊成宽而局部隆起的焊缝；太快，会焊成断续细长的焊缝；焊接速度适中时，才能焊成表面平整，焊波细致而均匀的焊缝。

（3）运条手法。为了控制熔池温度，使焊缝具有一定的宽度和高度，在生产中经常采用下面几种运条手法。

1）直线形运条法。采用直线形运条法焊接时，应保持一定的弧长，焊条不摆动并沿焊接方向移动。由于此时焊条不作横向摆动，所以熔深较大，且焊缝宽度较窄。在正常的焊接速度下，焊波抱满平整。此法适用于板厚 3~5mm 的不开坡口的对接平焊、多层焊的第一层焊道和多层多道焊。

2）直线往返形运条法。此法是焊条末端沿焊缝的纵向作来回直线形摆动，主要适用于薄板焊接和接头间隙较大的焊缝。其特点是焊接速度快，焊缝窄，散热快。

3）锯齿形运条法，此法是将焊条末端作锯齿形连续摆动并向前移动，在两边稍停片刻，以防产生咬边缺陷，这种手法操作容易、应用较广，多用子比较厚的钢板的焊接，适用于平焊、立焊、仰焊的对接接头和立焊的角接接头。

4）月牙形运条法。此法是使焊条末端沿着焊接方向作月牙形的左右摆动，并在两边的适当位置作片刻停留，以使焊缝边缘有足够的熔深，防止产生咬边缺陷。此法适用于仰、立、平焊位置以及需要比较饱满焊缝的地方。其适用范围和锯齿形运条法基本相同，但用此法焊出来的焊缝余高较大。其优点是，能使金属熔化良好，而且有较长的保温时间，熔池中的气体和熔渣上浮到焊缝表面，有利于获得高质量的焊缝。

5）三角形运条法。此法是使焊条末端作连续三角形运动，并不断向前移动。按适用范围不同，可分为斜三角形和正三角形两种运条方法。

其中斜三角形运条法适用于焊接 T 形接头的仰焊缝和有坡口的横焊缝。其特点是能够通过焊条的摆动控制熔化金属，促使焊缝成形良好。

正三角形运条法仅适用于开坡口的对接接头和 T 形接头的立焊。其特点是一次能焊出较厚的焊缝断面，有利于提高生产率，而且焊缝不易产生夹渣等缺陷。

6）圆圈形运条法。将焊条末端连续作圆圈运动，这种运条方法又分工圆圈和斜圆圈两种。

正圆圈运条法只适于焊接较厚工件的平焊缝，其优点是能使熔化金用有足够高的温度，有利于气体从熔池中逸出，可防止焊缝产生气孔。

斜圆圈运条法适用于 T 形接头的横焊（平角焊）和仰焊以及对接接头的横焊缝，其特点是可控制熔化金属不受重力影响，能防止金属液体下淌，有助于焊缝成形。

3. 收尾

电弧中断和焊接结束时，应把收尾处的弧坑填满。若收尾时立即拉断电弧，则会形成比焊件表面低的弧坑。

在弧坑处常出现疏松、裂纹、气孔、夹渣等现象，因此焊缝完成时的收尾动作不仅是熄灭电弧，而且要填满弧坑。收尾动作有以下几种。

（1）划圈收尾法。焊条移至焊缝终点时，作圆圈运动，直到填满弧坑再拉断电弧。主要适用于厚板焊接的收尾。

（2）反复断弧收尾法。收尾时，焊条在弧坑处反复熄弧、引弧数次，直到填满弧坑为止。此法一般适用于薄板和大电流焊接、但碱性焊条不宜采用，因其容易产生气孔。

（3）回焊收尾法。焊条移至焊缝收尾处立即停止，并改变焊条角度回焊一小段。此法适用于碱性焊条。

当换焊条或临时停弧时，应将电弧逐渐引向坡口的斜前方，同时慢慢抬高焊条。使得熔池逐渐缩小。当液体金属凝固后，一般不会出现缺陷。

五、焊条电弧焊的安全要求

1. 电焊机

（1）电焊机必须符合现行有关焊机标准规定的安全要求。

（2）电焊机的工作环境应与焊机技术说明书上的规定相符。特殊环境条件下，如在气温过低或过高、湿度过大、气压过低以及在腐蚀性或爆炸性等特殊环境中作业，应使用适合特殊环境条件性能的电焊机，或采取必要的防护措施。

（3）电焊机必须装有独立的专用电源开关，其容量应符合要求。当焊机超负荷时，应能自动切断电源。禁止多台焊机共用一个电源开关。

1）电源控制装置应装在电焊机附近人手便于操作的地方，周围留有安全通道。

2）采用启动器启动的焊机，必须先合上电源开关，再启动焊机。

3）焊机的一次电源线，长度一般不宜超过 2~3m，当有临时任务需要较长的电源线时，应沿墙或立柱用瓷瓶隔离，其高度必须离地面 2.5m 以上，不允许将电源线拖在地面上。

（4）电焊机外露的带电部分应设有完好的防护（隔离）装置，电焊机裸露接线柱必须设有防护罩。

（5）使用插头插座连接的焊机，插用孔的接线端应用绝缘板隔离，并装在绝缘板平面内。

（6）禁止用连接建筑物金属构架和设备等作为焊接电源回路。

（7）电弧焊机的安全使用和维护。

1）接入电源网路的电焊机不允许超负荷使用。焊机运行时的温升，不应超过标准规定的温升限值。

2）必须将电焊机平稳地安放在通风良好、干燥的地方，不准靠近高热及易燃易爆危险的环境。

3）要特别注意对整流式弧焊机硅整流器的保护和冷却。

4）禁止在焊机上放置任何物件和工具，启动电焊机前，焊钳与焊件不能短路。

5）采用连接片改变焊接电流的焊机，调节焊接电流前应先切断电源。

6）电焊机必须经常保持清洁。清扫尘埃时必须断电进行。焊接现场有腐蚀性、导电性气体或粉尘时，必须对电焊机进行隔离防护。

7）电焊机受潮，应当用人工方法进行干燥。受潮严重的，必须进行检修。

8）每半年应进行一次电焊机维修保养。当发生故障时，应立即切断焊机电源，及时进行检修。

9）经常检查和保持焊机电缆与电焊机的接线柱接触良好，保持螺帽紧固。

10）工作完毕或临时离开工作场地时，必须及时切断焊机电源。

（8）电焊机的接地。

1）各种电焊机（交流、直流）、电阻焊机等设备或外壳、电气控制箱、焊机组等，都应按现行（SDJ）《电力设备接地设计技术规程》的要求接地，防止触电事故。

2）焊机的接地装置必须经常保持连接良好，定期检测接地系统的电气性能。

3）禁用氧气管道和乙炔管道等易燃易爆气体管道作为接地装置的自然接地极，防止由于产生电阻热或引弧时冲击电流的作用，产生火花而引爆。

4）电焊机组或集装箱式电焊设备都应安装接地装置。

5）专用的焊接工作台架应与接地装置联接。

（9）为保护设备安全，又能在一定程度上保护人身安全，应装设熔断器、断路器（又称过载保护开关）、触电保安器（也叫漏电开关），当电焊机的空载电压较高，而又在有触电危险的场所作业时，则对焊机必须采用空载自动断电装置。当焊接引弧时电源开关自动闭合，停止焊接、更换焊条时，电源开关自动断开。这种装置不仅能避免空载时的触电，也减少了设备空载时的电能损耗。

（10）不倚靠带电焊件。身体出汗而衣服潮湿时，不得靠在带电的焊件上施焊。

2. 焊接电缆

（1）焊机用的软电缆线应采用多股细铜线电缆，其截面要求应根据焊接需要载流量和长度，按焊机配用电缆标准的规定选用。电缆应轻便柔软，能任意弯曲或扭转，便于操作。

（2）电缆外皮必须完整、绝缘良好、柔软，绝缘电阻不得小于 1MΩ 电缆外皮破损时应及时修补完好。

（3）连接焊机与焊钳必须使用软电缆线，长度一般不宜超过 20～30m。截面积应根据焊接电流的大小来选取，以保证电缆不致过热而损伤绝缘层。

（4）焊机的电缆线应使用整根导线，中间不应有连接接头。当工作需要接长导线时，应使用接头连接器牢固连接，连接处应保持绝缘良好，而且接头不要超过两个。

（5）焊接电缆线要过马路或通道时，必须采取保护套等保护措施，严禁搭在气瓶、乙炔发生器或其他易燃物品的容器的材料上。

（6）禁止利用厂房的金属结构、轨道、管道、暖气设施或其他金属物体搭接起来作电焊导线电缆。

（7）禁止焊接电缆与油脂等易燃物料接触。

3. 电焊钳

（1）电焊钳必须有良好的绝缘性与隔热能力，手柄要有良好的绝缘层。

（2）焊钳的导电部分应采用紫铜材料制成，焊钳与电焊电缆的连接应简便牢靠，接触良好。

（3）焊条在位于水平 45°、90°等方向时焊钳应都能夹紧焊条，并保证更换焊条安全方便。

（4）电焊钳应保证操作灵便、焊钳重量不得超过 600g。

（5）禁止将过热的焊钳浸在水中冷却后立即继续使用。

4. 焊接场所

焊接场所应有通风除尘设施，防止焊接烟尘和有害气体对焊工造成危害。

5. 劳动防护用品

焊接作业人员应按《劳动防护用品分类与代码》（LD/T 75—1995）选用个人防护用品和合乎作业条件的遮光镜片和面罩。

6. 防火要求

焊接作业时，应满足防火要求，可燃、易燃物料与焊接作业点火源距离不应小于10m。

六、电弧切割的安全操作技术

（1）准备工作。开始切割前，要检查电缆及气管是否完好，电源极性是否正确（一般采用直流反接，即碳棒接正极），并根据碳棒直径选择并调节好电流，调节碳棒伸出长度为70~100mm。调节好出风口，使出风口对准刨槽。

（2）起弧。起弧之前必须打开气阀，先送压缩空气，随后引燃电弧，以免产生夹碳缺陷。在垂直位置切割时，应由上向下切削。

（3）切割。切割时碳棒与刨槽夹角一般为45°左右，夹角大，刨槽深；夹角小，刨槽浅。起弧后应将气刨枪手柄慢慢按下，等切削到一定深度时，再平稳前进。在切割的过程中，碳棒既不能横向摆动也不能前后摆动，否则切出的槽就不整齐光滑。如果一次切槽不够宽，可增大碳棒直径或重复切削。对碳棒移动的要求是：准、平、正。准，是深浅准和切槽的路线准。在进行厚钢板的深坡口切削时，宜采用分段多层切削法，即先切一浅槽，然后沿槽再深切。平，是碳棒移动要平稳，若在操作中稍有上下波动侧切槽表面就会凹凸不平；正，是碳棒要端正，要求碳棒中心线应与切槽中心线重合。

（4）排渣方向的掌握。由于压缩空气是从电弧后面吹来的，所以在操作时，压缩空气的方向如果偏一点，渣就会偏向槽的一侧。压缩空气吹得正，那么渣都被吹到电弧的前部，而且一直往前，直到切完为止。这样切出来的槽两侧渣最少，可节省很多清理工作。但是这种方法由于前面的准线被渣覆盖住而妨碍操作，所以较难掌握。通常的方法是使压缩空气稍微吹偏一点，把一部分渣翻到槽的外侧，但不能吹向操作位置的一侧，不然，吹起来的铁水会落到身上，严重时还会引起烧伤。若压缩空气集中吹向槽的一侧，则造成熔渣集中在这一侧，多而厚，散热就慢，同时引起粘渣。

（5）切削尺寸的掌握。要获得所需切槽尺寸，除了选择好合理的切削工艺参数外，还必须靠操作去控制。同样直径的碳棒，当采用不同操作方法或不同的电流和切削速度时，可以切出不同宽度和深度的槽。例如，对 12~20mm 厚的低碳钢板，用直径 8mm 碳棒，最深可切到 7.5mm，最宽可切到 13mm。

控制切相尺寸的操作要领可分为两类：一类是轻而快的配合，适于切削浅槽；一类是重而慢的配合，这种方法得到的切槽较深。

1）轻而快，手柄要按轻一点，而切削速度要快一些，这样得到的切相底部是圆弧形的，虽然有时也略成 V 形、但没有直线部分，在这种情况下，电弧的一部分热量散失到空气中去，使金属熔化较浅，电弧能利用率不高。当采用较大电流和这种轻而快的手法时，切出的槽表面光滑，熔渣容易清除。但采用这种方法电流不能过大，根据试验结果，切 4~6mm 深、10~12mm 宽的槽时，采用 300~350A 的电流 15~6mm/s 的速度最为合适。若采用轻而慢的操作方法，电弧会把切槽两侧熔化，造成粘渣。

2）重而慢，这种方法指手柄要按重一些，往深处切切削速度要慢一些。这种方法得到的切槽较深，截面呈 U 形。在小电流的情况下，用这种方法得到的槽形与用第一种方法所得到的一样。这种操作方法，电弧的位置较深，离切槽的边缘较远，所以不会引起粘渣。但碳棒不能按得过重，否则易造成夹碳。此外，由于槽过深，熔渣就不易吹上来，使停留在电弧前面的铁水挡住电弧，电弧不能直接作用在铁水后面未熔化的金属上，只能靠铁水传导热量去熔化金属，生产率就要下降。若切槽表面不光滑还会导致粘渣。所以采用这种操作方法时，恰当掌握"重"字十分关键。

（6）收弧。碳弧气割收弧时，不允许熔化的铁水留在切槽里。这是因为在熔化的铁水中，碳和氧都比较多。而且碳弧气割的熄弧处往往也是后来焊接的收弧坑。而在收弧坑处一般比较容易出现裂缝和气孔，如果让铁水留下来，就会导致焊接时在收弧坑出现缺陷，因此在气割完毕后应先断弧，待碳棒冷却后再关闭压缩空气。如果允许，可采用过渡式收弧。

七、电弧切割的安全要求

按照以上几方面进行操作的同时还应注意安全问题：碳弧气割的弧光较强，操作人员应戴深色的护目镜；操作时应尽可能顺风向操作，并注意防止铁水及熔渣烧损工作服及烫伤身体，还应注意场地防火；在容器或狭小部位操作时，必须加强抽风及排烟的措施；在气割时使用电流较大，应注意防止焊机过载和长时间使用而过热。

除遵守焊条电弧焊的有关规定外，还应注意以下几点。

（1）电弧切割时电流较大，要防止焊机过载发热。

（2）电弧切割时烟尘大，操作者应佩戴送风式面罩。作业场地必须采取排烟除尘措施，加强通风。为了控制烟尘的污染，可采用水弧气刨。

第二节　气焊与气割作业安全技术

一、气焊与气割概念

气焊是利用可燃气体（主要是乙炔气）在纯氧中燃烧，使焊丝和母材接头处熔化，从而形成焊缝的一种焊接方法。

气割是利用可燃气体（乙炔气或液化石油气）在纯氧中燃烧，使金属在高温下达到燃点，然后借助氧气流剧烈燃烧，并在气流作用下吹出熔渣，从而将金属分离开的一种加工方法。

二、气焊与气割用气体

气焊与气割用气体，主要是乙炔、液化石油气和氧气三种。

1. 乙炔

乙炔属于碳氢化合物，化学分子式为 C_2H_2，在常温下是无色气体。工业用乙炔因含杂质硫化氢（H_2S）、磷化氢（PH_3）、氨（NH_3）等，故具有特殊的臭味。

乙炔是可燃气体，它与空气混合燃烧时所产生的火焰温度可达2350℃，乙炔与氧气混合燃烧温度可达3000～3300℃，因此，足以迅速溶化金属进行焊接或切割。乙炔又是一种具有爆炸性危险的气体。乙炔分子不稳定，很易分解，随着乙炔的分解即放出它在生成时所吸收的全部热量。

2. 液化石油气

液化石油气是石油炼制工业的副产品。其主要成分是丙烷（C_3H_8），大约占50～80%；其余是丙烯（C_3H_6）、丁烷（C_4H_{10}和丁烯（C_4H_8）等。液化石油气在常温下是以空气态存在，即变成液体。因此，便于装入瓶中储存和运输。液化石油气焊接中的应用正逐步推广，在气割中已有成熟的技术，气割质量好，也较为经济。

3. 氧气

在标准状态下，氧气是无色无味无毒气体，分子式为 O_2，密度为 $1.43kg/m^3$，比空气稍重（空气密度是 $1.29kg/m^3$）；在 $-183℃$ 时，氧变成淡蓝色的液体；在 $-219℃$ 时，就凝成淡蓝色雪状的固体。氧气本身不能燃烧，是一种活泼的助燃气体，是强氧化剂，与可燃气体混合燃烧可以得到高温火焰。有机物与氧的反应，会放出大量的热。增加氧的压力和温度，会使反应显著加快。当压缩的气态氧与矿物油、油中细微分散的可燃物质接触时能够发生自燃，常成为燃烧或爆炸的原因，而且火势很猛，蔓延很快，甚至使用消防器材也无济于事。突然压缩氧气所放出的热量、摩擦热和金属固体微粒，随氧气在管道里高速流动时与管壁的碰撞热及静电火花等，都可能成为燃烧的爆炸的最初因素，因此在使用氧气时，尤其是在压缩状态下，必须经常注意不要使它们和易燃物质相接触。

三、气焊与气割设备

气焊与气割这两种设备是相同的，包括氧气瓶、乙炔发生器或其他可燃气体供气源、回火防止器和减压器等。他们使用不同的工具，分别为焊炬和割炬。

1. 氧气瓶

氧气瓶是一种储存和运输氧气用的高压容器，外表面涂天蓝色漆，并标有明显的黑字"氧气"。氧气瓶内氧气压力为 $15MPa$（$150kgf/cm^2$）。

2. 乙炔发生器

乙炔发生器是利用电石和水相互作用制取乙炔的设备。乙炔发生器分为低压式和中压式两类。低压式乙炔发生器制取乙炔压力为 $45kPa$（$0.45kgf/cm^2$）；中压式乙炔发生器制取乙炔

压力在 $45\sim150\mathrm{kPa}$（$0.45\sim1.5\mathrm{kgf/cm^2}$）之间。现在多数使用排水式中压乙炔发生器。低压式浮桶乙炔发生器由于安全性能差已逐渐淘汰。

3. 溶解乙炔气瓶

利用乙炔大量溶解在丙酮溶液中的特点，溶解乙炔气瓶被用来储存和运输乙炔气。与用乙炔发生器直接制取乙炔相比，采用溶解乙炔具有下列许多优点。

（1）由于溶解乙炔气是由专业化工厂生产的，可节省电石30%左右。

（2）溶解乙炔气的纯度高，有害杂质和水分含量很少，焊接质量高。

（3）乙炔瓶比乙炔发生器具有较高的安全性，因此允许在热车间和锅炉房使用。而在这些场所是不允许使用乙炔发生器的，其原因是避免从发生器中漏出气态乙炔，造成爆炸着火。

（4）乙炔瓶可以在低温度情况下工作，不存在水封回火防止器及胶管中水分结冰而停止供气的现象，对北方寒冷地区更具有优越性。

（5）焊接设备轻便，操作简单，工作地点也较清洁卫生。因为没有电石、给水、排水和储存电石渣的装置，也省去经常性的加料、排渣和看管发生器等操作事项。

（6）溶解乙炔气的压力高，能保持焊炬和割炬的工作稳定。

4. 回火防止器

回火防止器是在气焊、气割过程中一旦发生回火时，能自动切断气源，有效地堵截回火气流方向回烧，防止乙炔发生器（溶解乙炔气瓶）爆炸的安全装置。

5. 减压器

减压器是把储存在气瓶内的高压气体减到所需要的工作压

力，并保持稳定供气的装置。减压器有氧气用、乙炔气用等种类，不能相互混用。

四、气焊与气割的安全分析

气焊与气割所应用的乙炔、液化石油气、氢气和氧气等都是易燃易爆气体；氧气瓶、乙炔瓶、液化石油气瓶和乙炔发生器都属于压力容器。在焊接燃料容器和管道时，还会遇到其他许多易燃易爆气体和压力容器接触，同时又使用明火，如果焊接设备的安全装置有缺陷，或者违反安全操作规程，都可能造成爆炸和火灾。

在气焊与气割火焰的作用下，尤其是气割时氧气射流的喷射，使火星、熔滴和熔渣四处飞溅，容易造成人员灼烫；较大的火星，熔滴和熔渣能飞到距操作点 5m 以外的地方，若引燃易燃易爆物品，可造成火灾和爆炸。高处作业时，还存在高处坠落以及落下的火星引燃地面的可燃物品。

由于气焊的高温火焰会使被焊金属蒸发成金属烟尘；在焊接铝、铜等有色金属及其他合金时，除了产生些有毒金属蒸汽，焊粉还散发出氯盐和氟盐的燃烧产物；在黄铜的焊接过程中，会产生大量锌蒸汽；在焊割操作中，尤其是在密闭容器、管道内的气焊操作，会遇到其他生产性毒物和有害气体；这些都可能造成焊工中毒。

五、气焊与气割作业安全要求

（1）在氧气瓶嘴上安装减压器之前，应进行短时间吹除，以防瓶嘴堵塞。严禁使用无减压器的气瓶。

（2）乙炔发生器内、氧气瓶嘴部和开氧气瓶的扳手上均不得沾有油脂。

（3）乙炔发生器（乙炔气瓶）和氧气瓶均应距明火 10m 以

上；乙炔发生器与氧气瓶之间的距离也应在 5m 以上。

（4）乙炔发生器与焊炬之间均应有可靠的回火防止器。

（5）乙炔发生器和氧气瓶均应放置在空气流通的地方，不得在烈日下暴晒，不得靠近火源与其他热源。乙炔发生器不可放在室内，不得安置在空气压缩机、鼓风机和通风机的吸风口附近，也不得安置在高压线和起重机滑线下。

（6）开启电石桶时，不得猛力敲打，以防止发生火花而引起爆炸。乙炔发生器启动后，应先排除器内空气，然后才能使用乙炔气。高处焊接时，应特别注意不使火花掉进发生器内。

（7）使用焊割炬前，必须检查喷射情况是否正确。先开启焊割炬的阀，氧气喷出后，再开启乙炔阀，检验乙炔阀，检验乙炔接口是否有吸力，如有吸力，方可接乙炔胶管。

（8）在通风不良的地点或在容器内作业时，焊割炬应先在外面点好火。

（9）点火时应开乙炔少许，点燃后迅速调节氧气和乙炔气，按工作需要选取火焰。停火时应先关闭乙炔气，然后再关闭氧气，防止引起回火和产生烟灰。

（10）在易燃易爆生产区域内动火，应按规定办理动火审批手续。

（11）气焊与电焊在同一点作业时，氧气瓶应垫有绝缘物，以防止气瓶带电。

（12）容器内工作时，焊炬及割炬应与操作者同进同出，严禁留于器内，以防调节阀和气管接头的可能漏气，容器内如存在大量氧乙炔混合气体，遇明火会发生爆炸。

（13）工作完毕，应关闭氧气瓶阀和乙炔瓶阀，再拧松减压器调节螺钉。检查清理工作场地，确认无火种后操作者方可离开。

第三节 气体保护焊及等离子作业安全技术

一、气体保护焊安全技术

气体保护焊概念：用外加气体作为电弧介质并保护电弧和焊接区的电弧焊称之为气体保护电弧焊，简称气体保护焊。

1. 气体保护焊的特点

（1）电弧和熔池的可见性好，焊接过程中可根据熔池情况调节焊接参数。

（2）焊接过程操作方便，没有熔渣或很少有熔渣，焊后基本上不需清渣。

（3）电弧在保护气流的压缩下热量集中，焊接速度较快，熔池较小，热影响区窄，焊件焊后变形小。

（4）有利于焊接过程的机械化和自动化，特别是空间位置的机械化焊接。

（5）可以焊接化学活泼性强和易形成高熔点氧化膜的镁、铝、钛及其合金。

（6）可以焊接薄板。

（7）在室外作业时，需设挡风装置，否则气体保护效果不好，甚至很差。

（8）电弧的光辐射很强。

（9）焊接设备比较复杂，比焊条电弧焊设备价格高。

2. 气体保护焊常用的保护气体

气体保护焊常用的保护气体有氩气、氦气、氢气、二氧化碳气、水蒸气以及混合气体等。

（1）氩气。氩气用于焊接化学性质较活泼的金属（铝及铝合金、含铝量较高的铁基合金、钛及钛合金、不锈钢手工氩弧焊、黄铜、铝青铜表面堆焊、硅青铜、硅钢、马氏体时效钢、重要的低碳钢板、管打底焊缝等）。

（2）氦气。经化学清洗过的铝合金用直流正接焊接，会产生稳定的电弧并且有较高的焊接速度（用于焊接无氧铜，还能用高速自动焊焊接铝合金、不锈钢、钛及钛合金等）。

（3）氩-氦混合气体。广泛应用于自动焊中（用于铝合金厚板的焊接）。

（4）氩-氧混合气体。用于喷射过渡及对焊缝要求较高的场合。

（5）二氧化碳气体。用于焊接低碳钢和低合金钢。

（6）氩-氧-二氧化碳混合气体。焊接不锈钢时用于脉冲喷射过渡、短路过渡和喷射过渡。

3. 气体保护焊分类

气体保护焊通常按照电极是否熔化和保护气体不同，分为非熔化极（钨极）惰性气体保护焊（TIG）和熔化极气体保护焊（GMAW），熔化极气体保护焊包括惰性气体保护焊（MIG）、氧化性混合气体保护焊（MAG）、CO_2 气体保护焊、管状焊丝气体保护焊（FCAW）。

气体保护焊安全技术要求如下。

（1）具有焊条电弧焊的基本安全要求。

（2）气体保护焊电流密度大、弧光强、温度高，且在高温电弧和强烈的紫外线作用下产生高浓度有害气体，可高达手工电弧焊的 4~7 倍，所以特别要注意通风。

（3）引弧所用的高频振荡器会产生一定强度的电磁辐射，接触较多的焊工，会引起头昏、疲乏无力、心悸等症状。加强对高频振荡器防护。

（4）氩弧焊使用的钨极材料中的钍、铈等稀有金属带有放射性，尤其在修磨电极时形成放射性粉尘，接触较多，容易造成中枢神经系统的疾病。采取防护措施，工作后要洗手。

（5）气体保护焊一般都采用压缩气瓶供气，压缩气瓶的安全技术要点如下：① 不得靠近火源；② 勿暴晒；③ 要有防震胶圈，且不使气瓶跌落或受到撞击；④ 带有安全帽，防止摔断瓶阀造成事故。

（6）所用气瓶都属高压压缩气瓶，要执行使用规定。瓶内气体不可全部用尽，应留有余压。

（7）打开阀门时不应操作过快。

二、等离子切割作业安全技术

1. 等离子切割概念

等离子切割是利用高温等离子电弧的热量使工件切口处的金属部分或局部熔化（和蒸发），并借高速等离子的动量排除熔融金属以形成切口的一种加工方法。

2. 等离子切割特点

等离子切割机配合不同的工作气体可以切割各种氧气切割难以切割的金属，尤其是对于有色金属（不锈钢、铝、铜、钛、镍）切割效果更佳；其主要优点在于切割厚度不大的金属的时候，等离子切割速度快，尤其在切割普通碳素钢薄板时，速度可达氧切割法的 5~6 倍、切割面光洁、热变形小、几乎没有热影响区。

等离子切割机发展到目前，可采用的工作气体（工作气体是等离子弧的导电介质，又是携热体，同时还要排除切口中的熔融金属）对等离子弧的切割特性以及切割质量、速度都有明显的影响。常用的等离子弧工作气体有氩、氢、氮、氧、空气、水蒸气以及某些混合气体。

等离子切割机广泛运用于汽车、机车、压力容器、化工机械、核工业、通用机械、工程机械、钢结构等各行各业。

3. 等离子切割机结构

（1）机架采用全焊接结构，坚固合理，操作简单，持久耐用。

（2）切割速度快，精度高。切割口小，整齐，无掉渣现象。在传统的数控系统的基础上，改进了切割用的控制方式，避免了二次修整加工。

（3）适用于低碳钢板、铜板、铁板、铝板、镀锌板、钛金板等金属板材。

（4）数控系统配置高。自动引弧，性能稳定，引弧成功率达到99%以上。

（5）支持文泰、北航海尔、ARTCAM、Type3等软件生成的标准G代码路径文件。控制系统采用U盘交换加工文件，操作方便快捷。

4. 等离子切割机安全要求

（1）应检查并确认电源、气源、水源无漏电、漏气、漏水，接地或接零安全可靠。

（2）小车、工件应放在适当位置，并应使工件和切割电路正极接通，切割工作面下应设有溶渣坑。

（3）应根据工件材质、种类和厚度选定喷嘴孔径，调整切割电源、气体流量和电极的内缩量。

（4）自动切割小车应经空车运转，并选定切割速度。

（5）操作人员必须戴好防护面罩、电焊手套、帽子、滤膜防尘口罩和隔音耳罩。不戴防护镜的人员严禁直接观察等离子弧，裸露的皮肤严禁接近等离子弧。

（6）切割时，操作人员应站在上风处操作。可从工作台下部抽风，并宜缩小操作台上的敞开面积。

（7）切割时，当空载电压过高时，应检查电器接地、接零和割炬手把绝缘情况，应将工作台与地面绝缘，或在电气控制系统安装空载断路断电器。

（8）高频发生器应设有屏蔽护罩，用高频引弧后，应立即切断高频电路。

（9）现场使用的等离子切割机，应设有防雨、防潮、防晒的机棚，并应装设相应的消防器材。

（10）高空切割时，必须系好安全带，切接切割周围和下方应采取防火措施，并应有专人监护。

（11）当需切割受压容器、密封容器、油桶、管道、沾有可燃气体和溶液的工件时，应先消除容器及管道内压力，消除可燃气体和溶液，然后冲洗有毒、有害、易燃物质；对存有残余油脂的容器，应先用蒸汽、碱水冲洗，并打开盖口，确认容器清洗干净后，再灌满清水方可进行切割。在容器内焊割应采取防止触电、中毒和窒息的措施。割密封容器应留出气孔，必要时在进、出气口处装设备通风设备；容器内照明电压不得超过 12V，焊工与工件间应绝缘；容器外应设专人监护。严禁在已喷涂过油漆和塑料的容器内切割。

（12）对承压状态的压力容器及管道、带电设备、承载结构的受力部位和装有易燃、易爆物品的容器严禁进行切割。

（13）雨天不得在露天焊割。在潮湿地带作业时，操作人员应站在铺有绝缘物品的地方，并应穿绝缘鞋。

（14）作业后，应切断电源，关闭气源和水源。

第四节 火焰钎焊作业安全技术

火焰钎焊是用可燃气体或液体燃料的汽化产物与氧或空气混合燃烧所形成的火焰进行钎焊加热的。火焰钎焊通用性强，工艺过程简单，又能保证必要的钎焊质量，因此应用广泛。

主要用于以铜基钎料、银基钎料钎焊碳钢、低合金钢、不锈钢、铜及其合金等薄壁或小型焊件。

火焰钎焊装置简单，钎焊前需要对工件进行表面清洗，钎焊后接头也必须进行表面清理，去掉残留在接头上的钎剂和壳渣。钎焊过程中受氧化环境的影响，火焰钎焊使用于活性较小并且不需要专门保护的焊件的连接。

1. 钎焊接头形式

常用的接头形式有搭接接头、套接接头、丁字接头、卷边接头等。这些接头接触面积大，能承受较大的作用力。对接接头强度低，斜接接头制作复杂一般很少用。

2. 钎焊接头预留间隙的选择

为了获得优质的钎焊接头，钎焊间隙应适中。间隙过小或过大都会影响毛细管作用，使钎缝强度降低，同时钎缝过大也使钎料消耗过多。不同的钎料钎焊不同焊件金属预留间隙大。

3. 焊前清理

焊件表面的油污可用汽油、四氯化碳等有机溶液清洗，并在 $60 \sim 80{}^{\circ}\mathrm{C}$ 的热水中冲刷。如焊件表面有较多的锈及氧化铁时可用机械方法，如锉刀、砂布、砂轮或喷砂等清理，也可用酸洗的方法清理。经常采用的酸洗溶液有硫酸、盐酸、氢氟酸及其混合物的水溶液。酸洗后应用热水冲刷并干燥。

4. 火焰钎焊机的特点

（1）火焰钎焊在空气中完成，不需要气体保护，通常需要使用钎剂。但在含磷钎料钎焊紫铜的场合，高温下与氧化物结合的磷，防止了自由氧化物的形成，可湿润接头表面，具有自钎剂的作用，因此即使不加钎剂，也可以取得很好的效果。

（2）火焰钎焊钎料选择范围广，从低温的银基钎料到高温的铜基、镍基钎料都可以应用。丝状、片状、预成形或膏状钎料也都可以应用于火焰钎焊。

（3）操作方便、灵活，也可以实现自动化操作。对于少量的接头，单人使用手持式焊炬可以操作完成，对于大批量生产时，可采用半自动或全自动火焰钎焊系统。

火焰钎焊用燃气种类多，来源方便，可根据成本、可获得性和要求的数量来选择；并且钎焊温度可以通过气体火焰调整。

（4）设备成本低，操作技术容易掌握。便携式设备还可以使用在其他要求火焰加热的应用中，用于氧-燃气焊接的设备也可以用于火焰钎焊。

（5）火焰钎焊的缺点是手工火焰钎焊时加热温度难以精确掌握，因此要求操作人员应具有较多的经验；另外，火焰钎焊是一个局部加热的过程，容易在母材中引起应力或变形。

5. 火焰钎焊安全要求

（1）先用轻微碳化焰的外焰加热工件，焰芯距焊件表面15~20mm 左右。

（2）待工件加热到钎料接近熔化的温度时，将熔剂涂于焊件接头处，并用外焰加热使其熔化。

（3）待熔剂均匀熔化后，立即将钎料与被加热到高温的焊件接触，并使其熔化渗入接头的间隙中，切不可只用火焰熔化钎料或滴状滴入钎缝中。当钎料流入间隙后为不使其过热，火焰焰芯与工件距离应加大到 35~40mm，钎焊温度应高于钎料熔点 30~50℃。适当提高钎焊温度有助于基体金属与钎料之间相互溶解，但过高会引起钎焊接头过烧，同时应适当控制加热持续的时间。

（4）钎焊黄铜焊件时，应使钎料确实凝固后再移动焊件。

（5）焊后应及时清洗残留的熔剂和熔渣，防止产生腐蚀。

第五节　埋弧自动焊作业安全技术

埋弧自动焊是以电弧作为热源的机械化焊接方法。

1. 埋弧自动焊实施过程

埋弧自动焊实施过程由4个部分组成。

（1）电源接在导电嘴和工件之间用来产生电弧。

（2）焊丝由焊丝盘经送丝机构和导电嘴送入焊接区。

（3）颗粒状焊剂由焊剂漏斗经软管均匀地堆敷到焊缝接口区。

（4）焊丝及送丝机构、焊剂漏斗和焊接控制盘等装在焊接操作架的横臂上，以实现焊接电弧的移动。

2. 埋弧自动焊焊接参数

埋弧自动焊最主要的焊接参数是焊接电流、电弧电压、焊接速度、焊丝直径、电流种类和极性，其次是焊丝伸出长度、焊剂粒度和焊剂层厚度等。

（1）焊接电流。增大焊接电流，可以加快焊丝熔化速度，同时电弧吹力也随焊接电流而增大，使熔池金属被电弧排开，熔池底部未被熔化母材受到电弧的直接加热，熔深增加。对于同一直径的焊丝来说，熔深与焊接电流成正比，焊接电流对熔池宽度的影响较小。若焊接电流过大，容易产生咬边和成形不良，使热影响区增大，甚至造成烧穿；若焊接电流过小，使熔深减小，容易产生未焊透，而且电弧的稳定性也差。

（2）电弧电压。电弧电压与电弧长度成正比。电压增高，弧长增加，熔宽增大，同时焊缝余高和熔深略有减小，使焊缝变得平坦。电弧电压增大后，焊剂熔化增多。若随着焊接电流的增加，而电弧电压不随之增加，易出现截面呈蘑菇状的焊缝，严重时在焊缝表面会产生焊瘤，这主要是由于熔宽太小造成的。所以，随着焊接电流的增加，电弧电压也要适当增加。

（3）焊接速度。焊接速度对熔宽和熔深有明显的影响。当焊接速度较低时，焊接速度的变化对熔深影响较小。但当焊接速度较大时，由于电弧对母材的加热量明显减小，熔深显著下降。焊接速度过高，会造成咬边、未焊透、焊缝粗糙不平等缺陷。适当降低焊接速度，熔池体积增大，存在时间变长，有利于气体浮出熔池，减小气孔生成的倾向。但焊接速度过低会形成易裂的蘑菇形焊缝或产生烧穿、夹渣、焊缝不规则等缺陷。

（4）焊丝直径。焊丝直径主要影响熔深，直径较细，焊丝的电流密度较大，电弧的吹力大，熔深大，易于引弧。焊丝越粗，允许采用的焊接电流就越大，生产率也越高。焊丝直径的选择应取决于焊件厚度和焊接电流值。为了使焊缝成形良好，焊丝直径与焊接电流应有一定的配合关系。

（5）焊丝伸出长度。一般由导电嘴下端到焊件表面的距离定为焊丝伸出长度。伸出长度决定导电嘴的高度，也决定焊剂层的厚度，最短伸出长度以不产生明弧为准，但也不能过长，过长会使焊丝受电流电阻热的预热作用增强，造成焊缝成形不良，同时也影响焊缝的平直性。若伸出长度太短时，易烧坏导电嘴。焊丝应与导电嘴接触良好，否则会影响焊接过程的稳定，严重时会使导电嘴熔化。导电嘴是由紫铜或黄铜加工而成的。导电嘴熔化使铜过渡到焊缝中去。铜与铁在液态下不能相互混合，形成大块的铜夹渣，而且铜还会引起焊接热裂纹，危害性很大。所以，一旦发现导电嘴熔化，应立即停止焊接，铲除混铜焊缝。

（6）焊剂粒度和堆高。一般工件厚度较薄、焊接电流较小时，可采用较小颗粒度的焊剂。埋弧焊时焊剂的堆积高度称为堆高。当堆高合适时，电弧被完全埋在焊剂层下，不会长时间出现电弧闪光，保护良好。若堆高过厚，电弧受到焊剂层的压迫，透气性变差，使焊缝表面变得粗糙，容易造成成形不良。

（7）电流种类和极性。采用含氟焊剂焊接时，直流反极性（反接法）形成熔深大、熔宽较小的焊缝；直流正极性（正接法）形成扁平的焊缝，而且熔深小；交流时介于上述两者之间。

3. 埋弧自动焊特点

（1）焊接生产率高。埋弧自动焊可采用较大的焊接电流，同时因电弧加热集中，使熔深增加，可一次焊透14mm以下不开坡口的钢板。而且埋弧自动焊的焊接速度也比手工焊快，从而提高了焊接生产率。

（2）焊接质量好。因熔池有熔渣和焊剂的保护，使空气中的氮、氧难以侵入，提高了焊缝金属的强度和韧性。同时由于焊接速度快，线能量相对减小，故热影响区的宽度比手弧焊小，有利于减小焊接变形及防止近缝区金属过热。另外，焊缝表面光洁、平整。

（3）改善焊工的劳动条件。由于实现了焊接过程机械化，操作较简便，而且没有弧光的有害影响，放出烟尘也少，因此焊工的劳动条件得到改善。但是，埋弧自动焊在实用上也受到一定的限制，因为焊接过程是依靠焊剂堆积及熔化后形成保护作用的，所以仅适用于水平面焊缝的焊接，并对焊件边缘的加工和装配质量要求较高。而且埋弧自动焊的设备比手弧焊复杂，维修保养的工作量也较大。埋弧自动焊主要适用于低碳钢及合金钢中厚板的焊接，是大型焊接结构生产中常用的一种焊接技术。

4. 埋弧自动焊安全要求

（1）遵守电焊工一般操作规程。

（2）全面检查设备。安全接地是否有效，风机工作是否正常，焊接电缆、控制电缆是否连接可靠、绝缘良好。机械活动部位应及时加润滑油，确保运转灵活。

（3）操作时应穿戴绝缘鞋、手套和护目镜。对于固定台位，可加绝缘挡板隔热，并有良好的通风设施。

（4）焊机转动部分、电源及控制箱的接线板，应有完好的防护罩，保持设备清洁，防止雨淋受潮。

（5）自动焊机（小车）的轮子，半自动焊机头的底板应保持良好的绝缘，工作中要理顺电缆，防止烧坏。

（6）焊接小车周围无障碍物，焊剂要干燥。在载荷运行中，焊接人员应经常检查电焊机的温升。

（7）在高空机架作业和工作时，必须采取防止触电、高空坠落等事故的安全措施。焊接铜、铝、锌、锡、铅等有色金属时，必须在通风良好的地方进行，焊接人员应戴防毒面具或呼吸滤清器。

（8）现场使用的电焊机须设有可防雨、防潮、防晒的机棚，并备有消防用品。

（9）在容器内施焊时，容器上必须有进出风口并设置通风设备，容器内的照明电压不得超过 12V，焊接时必须有人在场监护。严禁在运行中的管道、容器或已喷涂过油漆或塑料的容器内焊接。

（10）在焊接过程中要防止焊剂输送突然中断发生弧光辐射和飞溅的金属伤人。

（11）半自动焊把在工作停止后要放置妥当，防止送丝开关在电源未断时被碰开。

（12）长期停用焊接设备，使用时需检查其绝缘电阻值不得低于 0.5MΩ，接线部分不得有腐蚀和受潮现象。

（13）施焊现场的 10m 范围内，不得堆放氧气瓶、乙炔发生器、木材等易燃物，作业后，清理场地、灭绝火种，切断电源，锁好闸箱，消除焊料余热，方可离开。

第六节　电渣焊（熔嘴）作业安全技术

电渣焊是利用电流通过熔渣所产生的电阻热作为热源，将填充金属和母材熔化，凝固后形成金属原子间牢固连接。在开始焊接时，使焊丝与起焊槽短路起弧，不断加入少量固体焊剂，利用电弧的热量使之熔化，形成液态熔渣，待熔渣达到一定深度时，增加焊丝的送进速度，并降低电压，使焊丝插入渣池，电弧熄灭，从而转入电渣焊焊接过程。

它的缺点是输入的热量大，接头在高温下停留时间长、焊缝附近容易过热，焊缝金属呈粗大结晶的铸态组织，冲击韧性低，焊件在焊后一般需要进行正火和回火热处理。

电渣焊对焊接电源的基本要求如下。

（1）保持稳定的电渣过程。焊接过程中，不应出现电弧放电过程或电渣、电弧混合过程，否则将破坏正常的焊接工艺参数，电渣电源应选平特性电源（其空载电压低和感抗小）。

（2）维持焊接电流电压稳定不变。电渣焊时，焊丝等速送进，渣池中的电流-电压特性为上升曲线，因此当网络电压发生变化送丝速度变化时，具有平特性的焊接电源所引起的焊接电流电压变化小，自身调节作用强。

（3）电渣焊要求有足够的功率，空载电压较低，还具有平特性的焊接电源。通常电渣焊均采用交流电源，其型号有 BP1-3×1000 和 BP1-3×3000（具有平特性的弧焊变压器），若没有平特性的焊接电源，也可暂用有下特性的弧焊电源代替。

第四章

相关法律法规

第一节 电业安全工作规程（热力和机械）（26164.1—2010）相关标准

14.1 电焊和气焊基本规定

14.1.1 从事焊接工作人员必须具有相应资质。焊接锅炉承压部件、管道及承压容器等设备的焊工，必须按照标准 DL 612 电力工业锅炉压力容器监察规程中焊工考试部分的要求，经考试合格，并持有合格证，方允许工作。

14.1.2 焊工应戴防尘（电焊尘）口罩穿帆布工作服、工作鞋，戴工作帽、手套，上衣不应扎在裤子里。口袋应有遮盖，脚面应有鞋罩，以免焊接时被烧伤。

14.1.3 禁止使用有缺陷的焊接工具和设备。

14.1.4 不准在带有压力（液体压力或气体压力）的设备上或带电的设备上进行焊接。在特殊情况下需在带压和带电的设备上进行焊接时，必须采取安全措施，并经主管生产的领导批准。对承重构架进行焊接，必须经过有关技术部门的许可。

14.1.5 禁止在装有易燃物品的容器上或在油漆未干的结构或其他物体上进行焊接。

14.1.6 禁止在储有易燃易爆物品的房间内进行焊接。在易燃易爆材料附近进行焊接时，其最小水平距离不应小于 5m，并根据现场情况，采取安全可靠措施（用围屏或石棉布遮盖）。

14.1.7 对于存有残余油脂或可燃液体的容器，必须打开盖子，清理干净；对存有残余易燃易爆物品的容器，应先用水蒸气吹洗，或用热碱水冲洗干净，并将其盖口打开。对上述容器所有连接的管道必须可靠隔绝并加装堵板后，方准许焊接。

14.1.8 在风力超过 5 级时禁止露天进行焊接或气割。但风力在 5 级以下 3 级以上进行露天焊接或气割时，必须搭设挡风屏以防火星飞溅引起火灾。

14.1.9 下雨雪时，不可露天进行焊接或切割工作。如必须进行焊接时，应采取防雨雪的措施。

14.1.10 在可能引起火灾的场所附近进行焊接工作时，必须备有必要的消防器材。

14.1.11 进行焊接工作时，必须设有防止金属熔渣飞溅、掉落引起火灾的措施以及防止烫伤、触电、爆炸等措施。焊接人员离开现场前，必须进行检查，现场应无火种留下。

14.1.12 在高空进行焊接工作，必须遵照本部分第 15 章的有关规定。

14.1.13 在梯子上只能进行短时不繁重的焊接工作，并遵守本部分 15.8 的规定。禁止登在梯子的最高梯阶上进行焊接工作。

14.1.14 在锅炉汽包、凝汽器、油箱、油槽以及其他金属容器内进行焊接工作，应有下列防止触电的措施：

a）电焊时焊工应避免与铁件接触，应站立在橡胶绝缘垫上或穿橡胶绝缘鞋，应穿干燥的工作服；

b）容器外面应设有可看见和听见焊工工作的监护人，并应设有开关，以便根据焊工的信号切断电源；

c）容器内使用的行灯，电压不准超过 24V。行灯变压器的外壳应可靠地接地，不准使用自耦变压器；

d）行灯用的变压器及电焊变压器不应带入锅炉及金属容器内。

14.1.15 在密闭容器内,不准同时进行电焊及气焊工作。

14.1.16 在坑井或深沟内进行焊接,应遵守本部分 10.5 的有关规定。

14.1.17 气焊与电焊不应上下交叉作业。

14.1.18 无关人员不准靠近正在进行射线检验的工作场所。

14.1.19 电焊机的接拆线、停送电工作应由具备资质人员进行操作。

14.2 电焊

14.2.1 在室内或露天进行电焊工作时应在周围设挡光屏,防止弧光伤害周围人员的眼睛。

14.2.2 在潮湿地方进行电焊工作,焊工必须站在干燥的木板上,或穿橡胶绝缘鞋。

14.2.3 固定或移动的电焊机(电动发电机或电焊变压器)的外壳以及工作台,必须有良好的接地。焊机应采用空载自动断电装置等防止触电的安全措施。

14.2.4 电焊工作所用的导线,必须使用绝缘良好的皮线。如有接头时,则应连接牢固,并包有可靠的绝缘。连接到电焊钳上的一端,至少有 5m 为绝缘软导线。

14.2.5 电焊机必须装有独立的专用电源开关,其容量应符合要求。焊机超负荷时,应能自动切断电源,禁止多台焊机共用一个电源开关。

14.2.6 禁止连接建筑物金属构架和设备等作为焊接电源回路。

14.2.7 禁止使用氧气管道和乙炔管道等易燃易爆气体管道作为接地装置的自然接地极,防止由于产生电阻热或引弧时冲击电流的作用,产生火花而引爆。

14.2.8 电焊设备的装设、检查和修理工作,必须在切断电源后进行。

14.2.9 电焊钳必须符合下列基本要求:

　　a）应牢固地夹住焊条；

　　b）焊条和电焊钳的接触良好；

　　c）更换焊条必须便利；

　　d）握柄必须用绝缘耐热材料制成。

14.2.10　电焊机的裸露导电部分和转动部分以及冷却用的风扇，均应装有保护罩。

14.2.11　电焊工应备有下列防护用具：

　　a）镶有滤光镜的手把面罩或套头面罩，护目镜片；

　　b）电焊手套，工作服；

　　c）橡胶绝缘鞋；

　　d）清除焊渣用的白光眼镜（防护镜）。

14.2.12　焊接作业的椅子，应用木材或其他绝缘材料制成。

14.2.13　电焊工在合上电焊机开关前，应先检查电焊设备，如电动机外壳的接地线是否良好，电焊机的引出线是否有绝缘损伤、短路或接触不良等现象。

14.2.14　合上或拉开电源刀闸时，应戴干燥的手套，不应接触电焊机的外壳。

14.2.15　电焊工更换焊条时，必须戴电焊手套，以防触电。

14.2.16　清理焊渣时必须戴上白光眼镜，并避免对着人的方向敲打焊渣。

14.2.17　在起吊部件过程中，严禁边吊边焊的工作方法。只有在摘除钢丝绳后，方可进行焊接。

14.2.18　不准将带电的绝缘电线搭在身上或踏在脚下。电焊导线经过通道时，应采取防护措施，防止外力损坏。

14.2.19　当电焊设备正在通电时，严禁触摸导电部分。

14.2.20　电焊工离开工作场所时，必须切断电源。

14.2.21　电焊工应服从工作负责人的指挥，禁止在带压设备和重要设备上引弧。

14.3 气焊气割

14.3.1 储存气瓶的仓库应具有耐火性能；门窗应采用向外开形式，装配的玻璃应用毛玻璃或涂以白色油漆；地面应该平坦不滑，砸击时不会发生火花。

14.3.2 容积较小的仓库（储存量在50个气瓶以下）与其他建筑物的距离应不少于25m；较大的仓库与施工及生产地点的距离应不少于50m；与住宅和办公楼的距离应不少于100m。

14.3.3 储存气瓶仓库周围10m距离以内，不准堆置可燃物品，不准进行锻造、焊接等明火工作，并禁止吸烟。

14.3.4 仓库内应设架子，使气瓶垂直立放，空的气瓶可以平放堆叠，但每一层都应垫有木制或金属制的型板，堆叠高度不准超过1.5m。

14.3.5 装有氧气的气瓶不准与乙炔气瓶或其他可燃气体的气瓶储存于同一仓库。

14.3.6 储存气瓶的仓库内不准有取暖设备。

14.3.7 储存气瓶的仓库内，必须备有消防用具，并应采用防爆的照明，室内通风应良好。

14.3.8 气瓶的搬运应遵守下列各项规定：

a）气瓶搬运应使用专门的抬架或手推车，每一气瓶上必须套以厚度不少于25mm的防震胶圈两个，以免运输气瓶时互相撞击和振动；

b）运输气瓶时应安放在特制半圆形的承窝木架内；如没有承窝木架时，可以在每一气瓶上套以厚度不少于25mm的绳圈或橡皮圈两个，以免互相撞击；

c）全部气瓶的气门都应朝向一面；

d）用汽车运输气瓶时，气瓶不准顺车厢纵向放置，应横向放置。气瓶押运人员应坐在司机驾驶室内，不准坐在车厢内；

e）为防止气瓶在运输途中滚动，应将其可靠地固定住；

f）用敞车运输气瓶时，应用帆布遮盖或采取其他遮阳措施，以防止烈日暴晒；

g）气瓶内不论有无气体，搬运时，应将瓶颈上的保险帽和气门侧面连接头的螺帽盖好；

h）运送氧气瓶时，必须保证气瓶不致沾染油脂、沥青等；

i）严禁把氧气瓶及乙炔瓶放在一起运送，也不准与易燃物品或装有可燃气体的容器一起运送。禁止运送和使用没有防震胶圈和保险帽的气瓶。

14.3.9 焊接工作结束或中断焊接工作时，应关闭氧气和乙炔气瓶、供气管路的阀门，确保气体不外漏。重新开始工作时，应再次确认没有可燃气体外漏时方可点火工作。

14.4 氧气瓶和乙炔气瓶的使用

14.4.1 在连接减压器前，应将氧气瓶的输气阀门开启四分之一转，吹洗 1s～2s，然后用专用的扳手安上减压器。工作人员应站在阀门连接头的侧方。

14.4.2 发现气瓶上的阀门或减压器气门有问题时，应立即停止工作，进行修理。

14.4.3 氧气瓶应按《气瓶安全监察规程》（原劳动部颁发）进行水压试验和定期检验。过期未经水压试验或试验不合格者不准使用。在接收氧气瓶时，应检查印在瓶上的试验日期及试验机构的鉴定合格证。

14.4.4 运到现场的氧气瓶，必须验收检查。如有油脂痕迹，应立即擦拭干净；如缺少保险帽或气门上缺少封口螺丝或有其他缺陷，应在瓶上注明"注意！瓶内装满氧气"，退回制造厂。

14.4.5 氧气瓶应涂天蓝色，用黑颜色标明"氧气"字样；乙炔气瓶应涂白色，并用红色标明"乙炔"字样；其他气体的气瓶也均应按规定涂色和标字。气瓶在保管、使用中，严禁改变气瓶的涂色和标志，以防止层涂色脱落造成误充气。

14.4.6　氧气瓶内的压力降到0.196MPa，不应再使用。用过的瓶上应写明"空瓶"。

14.4.7　氧气阀门只准使用专门扳手开启，不准使用凿子、锤子开启。乙炔阀门应用特殊的键开启。

14.4.8　在工作地点，最多只许有两个氧气瓶：一个工作，一个备用。

14.4.9　使用中的氧气瓶和乙炔气瓶应垂直放置并固定起来，氧气瓶和乙炔气瓶的距离不得小于5m。

14.4.10　禁止使用没有防震胶圈和保险帽的气瓶。严禁使用没有减压器的氧气瓶和没有回火阀的溶解乙炔瓶。

14.4.11　禁止装有气体的气瓶与电线相接触。

14.4.12　在焊接中禁止将带有油迹的衣服、手套或其他沾有油脂的工具、物品与氧气瓶软管及接头相接触。

14.4.13　安放在露天的气瓶，应用帐篷或轻便的板棚遮护，以免受到阳光暴晒。

14.4.14　严禁用氧气作为压力气源吹扫管道。

14.5　减压器

14.5.1　减压器的低压室没有压力表或压力表失效，一概不准使用。

14.5.2　将减压器安装在气瓶阀门或输气管前，应注意下列各项：

a）必须选用符合气体特性的专业减压器，禁止换用或替用；

b）减压器（特别是连接头和外套螺帽）不应沾有油脂，如有油脂应擦洗干净；

c）外套螺帽的螺纹应完好，帽内应有纤维质垫圈（不准用棉、麻绳、皮垫或胶垫代替）；

d）预吹阀门上的灰尘时，工作人员应站在侧面，以免被气体冲伤，其他人员不准站在吹气方向附近。

14.5.3　将减压器和氧气瓶连接后，应将减压器顶针松起，再开启氧气瓶的阀门，开启阀门不准猛开，应监视压力，以免气体冲破减压器。

14.5.4　减压器冻结时应用热水或蒸汽解冻，禁止用火烤。

14.5.5　减压器如发生自动燃烧，应迅速灭火并把氧气瓶的阀门关闭。

14.5.6　减压器需要长时间停用时，应将氧气瓶的阀门关闭。工作结束时，应将减压器自气瓶上取下，由焊工保管。

14.5.7　氧气瓶的减压器应涂蓝色；乙炔发生器的减压器应涂白色，以免混用。

14.5.8　每个氧气减压器和乙炔减压器上只允许接一把焊炬或一把割炬。

14.6　橡胶软管

14.6.1　橡胶软管须具有足以承受气体压力的强度，并采用异色软管，氧气软管须用 1.961MPa 的压力试验，乙炔软管须用 0.490MPa 的压力试验。二种软管不准混用。

14.6.2　橡胶软管的长度宜大于 15m。两端的接头（一端接减压器，另一端接焊枪）必须用特制的卡子卡紧，或用软的和退火的金属绑线扎紧，以免漏气或松脱。

14.6.3　在连接橡胶软管前，应先将软管吹净，并确定管中无水后，才许使用。禁止用氧气吹乙炔气管。

14.6.4　使用的橡胶软管不准有鼓包、裂缝或漏气等现象。如发现有漏气现象，不准用贴补或包缠的方法修理，应将其损坏部分切掉，用双面接头管把软管连接起来并用夹子或金属绑线扎紧。

14.6.5　可燃气体（乙炔）的橡胶软管如在使用中发生脱落、破裂或着火时，应首先将焊枪的火焰熄灭，然后停止供气。氧气软管着火时，应先采取措施停止供气。

14.6.6 通气的橡胶软管上方禁止进行动火作业，以防火灾。

14.6.7 乙炔和氧气软管在工作中应防止沾上油脂或触及金属溶液。禁止把乙炔及氧气软管放在高温管道和电线上，不应将重的或热的物体压在软管上，也不准把软管放在运输道上，不准把软管和电焊用的导线敷设在一起。

14.7 焊枪

14.7.1 焊枪在点火前，应检查其连接处的严密性及其嘴子有无堵塞现象，禁止在着火的情况下疏通气焊嘴。

14.7.2 焊枪点火时，应先开氧气门，再开乙炔气门，立即点火，然后再调整火焰。熄火时与此操作相反，即先关乙炔气门，后关氧气门，以免回火。

14.7.3 由于焊嘴过热堵塞而发生回火或多次鸣爆时，应尽速先将乙炔气门关闭，再关闭氧气门，然后将焊嘴浸入冷水中。

14.7.4 焊工不准将正在燃烧中的焊枪放下；如有必要时，应先将火焰熄灭。

14.8 氩弧焊

14.8.1 焊接工作场所应有良好的通风。

14.8.2 焊工应戴防护眼镜、静电口罩或专用面罩，以防臭氧、氮氧化合物及金属烟尘吸入人体。

14.8.3 焊接时应减少高频电流作用时间，使高频电流仅在引弧瞬时接通，以防高频电流危害人体。

14.8.4 氩弧焊所用的铈、钍、钨极应放在铅制盒内。氩弧焊时应尽量采用放射性元素少的铈钨电极，在磨钨极时应戴口罩和手套，磨完钨极后应洗脸和洗手。

14.8.5 操作时应先开冷却水管阀门，确认回流管里已有冷却水回流时，打开氩气阀门，再打开焊枪点弧开关；熄火的操作步骤与上述相反，以防铈、钍、钨极烧坏挥发。

第二节　国家安监总局令相关规定

《特种作业人员安全技术培训考核管理规定》国家安全生产监督管理总局令第 30 号。

一、什么是特种作业人员

第三条，本规定所称特种作业，是指容易发生事故，对操作者本人、他人的安全健康及设备、设施的安全可能造成重大危害的作业。特种作业的范围由特种作业目录规定。本规定所称特种作业人员，是指直接从事特种作业的从业人员。

二、特种作业人员的范围

1. 电工作业；2. 焊接与热切割作业；3. 高处作业；4. 制冷与空调作业；5. 煤矿安全作业；6. 金属非金属矿山安全作业；7. 石油天然气安全作业；8. 冶金（有色）生产安全作业；9. 危险化学品安全作业；10. 烟花爆竹安全作业；11. 安全监管总局认定的其他作业。

三、特种作业人员应当符合下列条件

（一）年满 18 周岁，且不超过国家法定退休年龄；

（二）经社区或者县级以上医疗机构体检健康合格，并无妨碍从事相应特种作业的器质性心脏病、癫痫病、美尼尔氏症、眩晕症、癔病、震颤麻痹症、精神病、痴呆症以及其他疾病和生理缺陷；

（三）具有初中及以上文化程度；

（四）具备必要的安全技术知识与技能；

（五）相应特种作业规定的其他条件。

危险化学品特种作业人员除符合前款第（一）项、第（二）项、第（四）项和第（五）项规定的条件外，应当具备高中或者相当于高中及以上文化程度。

四、特种作业人员持证上岗的规定

第五条 特种作业人员必须经专门的安全技术培训并考核合格，取得《中华人民共和国特种作业操作证》（以下简称特种作业操作证）后，方可上岗作业。

第十九条 特种作业操作证有效期为 6 年，在全国范围内有效。

特种作业操作证由安全监管总局统一式样、标准及编号。

第二十一条 特种作业操作证每 3 年复审 1 次。

特种作业人员在特种作业操作证有效期内，连续从事本工种 10 年以上，严格遵守有关安全生产法律法规的，经原考核发证机关或者从业所在地考核发证机关同意，特种作业操作证的复审时间可以延长至每 6 年 1 次。

第四十条 生产经营单位使用未取得特种作业操作证的特种作业人员上岗作业的，责令限期改正；逾期未改正的，责令停产停业整顿，可以并处 2 万元以下的罚款。

煤矿企业使用未取得特种作业操作证的特种作业人员上岗作业的，依照《国务院关于预防煤矿生产安全事故的特别规定》的规定处罚。

第四十一条 生产经营单位非法印制、伪造、倒卖特种作业操作证，或者使用非法印制、伪造、倒卖的特种作业操作证的，给予警告，并处 1 万元以上 3 万元以下的罚款；构成犯罪的，依法追究刑事责任。

第四十二条 特种作业人员伪造、涂改特种作业操作证或者使用伪造的特种作业操作证的，给予警告，并处 1000 元以上

5000 元以下的罚款。

特种作业人员转借、转让、冒用特种作业操作证的，给予警告，并处 2000 元以上 10 000 元以下的罚款。

第四十三条 培训机构违反有关规定从事特种作业人员安全技术培训的，按照有关规定依法给予行政处罚。

第三节 国家质量监督检验检疫总局令相关规定

国家质检总局颁布的《特种设备焊接操作人员考核细则》（TSGZ 6002—2010，以下简称《焊工考核细则》）将于 2011 年 2 月 1 日起施行。

一、《焊工考核细则》适用范围

第二条 本细则适用于从事《特种设备安全监察条例》中规定的锅炉、压力容器（含气瓶，下同）、压力管道（以下统称为承压类设备）和电梯、起重机械、客运索道、大型游乐设施、场（厂）内专用机动车辆（以下统称为机电类设备）焊接操作人员（以下简称焊工）的考核。

第三条 从事下列焊缝焊接工作的焊工，应当按照本细则考核合格，持有《特种设备作业人员证》：（一）承压类设备的受压元件焊缝、与受压元件相焊的焊缝、受压元件母材表面堆焊；（二）机电类设备的主要受力结构（部）件焊缝，与主要受力结构（部）件相焊的焊缝；（三）熔入前两项焊缝内的定位焊缝。

二、焊工考试

第六条 焊工考试包括基本知识考试和焊接操作技能考试

两部分。考试内容应当与焊工所申请的项目范围相适应。基本知识考试采用计算机答题方法，焊接操作技能考试采用施焊试件并且进行检验评定的方法。

第七条　有下列情况之一的，应当进行相应基本知识考试：

（一）首次申请考试的；

（二）改变或者增加焊接方法的；

（三）改变或者增加母材种类（如钢、铝、钛等）的；

（四）被吊销《特种设备作业人员证》的焊工重新申请考试的。

第八条　特种设备金属材料和非金属材料焊工考试范围、内容、方法和结果评定，按照本细则附件 A、附件 B 的规定执行。

三、持证上岗

第二十二条　焊工报名资料和考试资料，由考试机构存档，保存至少 4 年。

第二十三条　持证焊工应当按照本细则规定，承担与合格项目相应的特种设备焊接工作。《特种设备作业人员证》，在全国各地同等有效。

第二十四条　《特种设备作业人员证》每四年复审一次。首次取得的合格项目在第一次复审时，需要重新进行考试；第二次以后（含第二次）复审时，可以在合格项目范围内抽考。

第二十五条　持证焊工应当在期满前 3 个月之前，将复审申请资料提交给原考试机构，委托考试机构统一向发证机关提出复审申请；焊工个人也可以将复审申请资料直接提交原发证机关，申请复审。跨地区作业的焊工，可以向作业所在地的发证机关申请复审。

第二十九条　持证手工焊焊工（焊机操作工）某焊接方法

中断特种设备焊接作业 6 个月以上，该手工焊焊工（焊机操作工）拟使用该焊接方法进行特种设备焊接作业前，应当重新考试。年龄超过 55 岁的焊工，需要继续从事特种设备焊接作业，根据情况由发证机关决定是否需要重新考试。

第三十条 逾期未申请复审、复审不合格者，其《特种设备作业人员证》失效，由发证机关予以注销。

第三十一条 有下列情况之一的，原发证机关可吊销或者撤销其《特种设备作业人员证》：

（一）以考试作弊或者以其他欺骗方式取得《特种设备作业人员证》的；

（二）违章操作造成特种设备事故的；

（三）考试机构或者发证机关工作人员滥用职权，玩忽职守，违反法定程序或者超越范围考试发证的。

第三十二条 以考试作弊或者以其他欺骗方式取得《特种设备作业人员证》的焊工，吊销证书后 3 年内不得重新提出焊工考试申请。

第三十三条 焊工和签署意见的用人单位或者培训机构应当对《特种设备焊接操作人员考试申请表》、《特种设备焊接操作人员复审申请表》中的内容真实性负责。考试机构应当对焊工申请考试资料的完整性和《特种设备焊工考试基本情况表》、《特种设备金属材料焊工焊接操作技能考试检验记录表》、《特种设备非金属材料焊工操作技能考试检验记录表（PE 管）》的真实性负责。发证机关应当对焊工考试的程序和审查结论负责。

第三十七条 焊工用《特种设备作业人员证》由国家质检总局统一印制。

四、关于对部分特殊项目的处理

第三十六条 对于特殊的考试项目，由用人单位制定考试的具体要求并向发证机关备案后，由发证机关指定考试机构组织考试（特殊项目可以到用人单位考试），考试合格由发证机关发证。

第四节　国家其他法律法规、标准相关规定

一、《安全生产法》

《中华人民共和国安全生产法》于中华人民共和国第十二届全国人民代表大会常务委员会第十次会议于 2014 年 8 月 31 日通过，并于 2014 年 12 月 1 日起施行，是我国安全生产领域的一部综合性、基础性大法，共 7 章 114 条。

第一条　为了加强安全生产工作，防止和减少生产安全事故，保障人民群众生命和财产安全，促进经济社会持续健康发展，制定本法。

第二条　在中华人民共和国领域内从事生产经营活动的单位（以下统称生产经营单位）的安全生产，适用本法；有关法律、行政法规对消防安全和道路交通安全、铁路交通安全、水上交通安全、民用航空安全以及核与辐射安全、特种设备安全另有规定的，适用其规定。

第三条　安全生产工作应当以人为本，坚持安全发展，坚持安全第一、预防为主、综合治理的方针，强化和落实生产经营单位的主体责任，建立生产经营单位负责、职工参与、政府监管、行业自律和社会监督的机制。

第四条　生产经营单位必须遵守本法和其他有关安全生产的法律、法规，加强安全生产管理，建立、健全安全生产责任制和安全生产规章制度，改善安全生产条件，推进安全生产标

准化建设，提高安全生产水平，确保安全生产。

第六条　生产经营单位的从业人员有依法获得安全生产保障的权利，并应当依法履行安全生产方面的义务。

第二十五条　生产经营单位应当对从业人员进行安全生产教育和培训，保证从业人员具备必要的安全生产知识，熟悉有关的安全生产规章制度和安全操作规程，掌握本岗位的安全操作技能，了解事故应急处理措施，知悉自身在安全生产方面的权利和义务。未经安全生产教育和培训合格的从业人员，不得上岗作业。

生产经营单位使用被派遣劳动者的，应当将被派遣劳动者纳入本单位从业人员统一管理，对被派遣劳动者进行岗位安全操作规程和安全操作技能的教育和培训。劳务派遣单位应当对被派遣劳动者进行必要的安全生产教育和培训。

生产经营单位接收中等职业学校、高等学校学生实习的，应当对实习学生进行相应的安全生产教育和培训，提供必要的劳动防护用品。学校应当协助生产经营单位对实习学生进行安全生产教育和培训。

生产经营单位应当建立安全生产教育和培训档案，如实记录安全生产教育和培训的时间、内容、参加人员以及考核结果等情况。

第二十六条　生产经营单位采用新工艺、新技术、新材料或者使用新设备，必须了解、掌握其安全技术特性，采取有效的安全防护措施，并对从业人员进行专门的安全生产教育和培训。

第二十七条　生产经营单位的特种作业人员必须按照国家有关规定经专门的安全作业培训，取得相应资格，方可上岗作业。

特种作业人员的范围由国务院安全生产监督管理部门会同

国务院有关部门确定。

第四十二条　生产经营单位必须为从业人员提供符合国家标准或者行业标准的劳动防护用品，并监督、教育从业人员按照使用规则佩戴、使用。

第四十四条　生产经营单位应当安排用于配备劳动防护用品、进行安全生产培训的经费。

第四十八条　产经营单位必须依法参加工伤保险，为从业人员缴纳保险费。

国家鼓励生产经营单位投保安全生产责任保险。

第四十九条

生产经营单位与从业人员订立的劳动合同，应当载明有关保障从业人员劳动安全、防止职业危害的事项，以及依法为从业人员办理工伤保险的事项。

生产经营单位不得以任何形式与从业人员订立协议，免除或者减轻其对从业人员因生产安全事故伤亡依法应承担的责任。

第五十条

生产经营单位的从业人员有权了解其作业场所和工作岗位存在的危险因素、防范措施及事故应急措施，有权对本单位的安全生产工作提出建议。

第五十一条

从业人员有权对本单位安全生产工作中存在的问题提出批评、检举、控告；有权拒绝违章指挥和强令冒险作业。

生产经营单位不得因从业人员对本单位安全生产工作提出批评、检举、控告或者拒绝违章指挥、强令冒险作业而降低其工资、福利等待遇或者解除与其订立的劳动合同。

第五十二条

从业人员发现直接危及人身安全的紧急情况时，有权停止作业或者在采取可能的应急措施后撤离作业场所。

生产经营单位不得因从业人员在前款紧急情况下停止作业或者采取紧急撤离措施而降低其工资、福利等待遇或者解除与其订立的劳动合同。

第五十三条

因生产安全事故受到损害的从业人员，除依法享有工伤保险外，依照有关民事法律尚有获得赔偿的权利的，有权向本单位提出赔偿要求。

第五十四条

从业人员在作业过程中，应当严格遵守本单位的安全生产规章制度和操作规程，服从管理，正确佩戴和使用劳动防护用品。

第五十五条

从业人员应当接受安全生产教育和培训，掌握本职工作所需的安全生产知识，提高安全生产技能，增强事故预防和应急处理能力。

第五十六条

从业人员发现事故隐患或者其他不安全因素，应当立即向现场安全生产管理人员或者本单位负责人报告；接到报告的人员应当及时予以处理。

第九十四条

生产经营单位有下列行为之一的，责令限期改正，可以处五万元以下的罚款；逾期未改正的，责令停产停业整顿，并处五万元以上十万元以下的罚款，对其直接负责的主管人员和其他直接责任人员处一万元以上二万元以下的罚款：

（一）未按照规定设置安全生产管理机构或者配备安全生产管理人员的；

（二）危险物品的生产、经营、储存单位以及矿山、金属冶炼、建筑施工、道路运输单位的主要负责人和安全生产管理人员未按照规定经考核合格的；

（三）未按照规定对从业人员、被派遣劳动者、实习学生进行安全生产教育和培训，或者未按照规定如实告知有关的安全生产事项的；

（四）未如实记录安全生产教育和培训情况的；

（五）未将事故隐患排查治理情况如实记录或者未向从业人员通报的；

（六）未按照规定制定生产安全事故应急救援预案或者未定期组织演练的；

（七）特种作业人员未按照规定经专门的安全作业培训并取得相应资格，上岗作业的。

第九十六条

生产经营单位有下列行为之一的，责令限期改正，可以处五万元以下的罚款；逾期未改正的，处五万元以上二十万元以下的罚款，对其直接负责的主管人员和其他直接责任人员处一万元以上二万元以下的罚款；情节严重的，责令停产停业整顿；构成犯罪的，依照刑法有关规定追究刑事责任：

（一）未在有较大危险因素的生产经营场所和有关设施、设备上设置明显的安全警示标志的；

（二）安全设备的安装、使用、检测、改造和报废不符合国家标准或者行业标准的；

（三）未对安全设备进行经常性维护、保养和定期检测的；

（四）未为从业人员提供符合国家标准或者行业标准的劳动防护用品的；

（五）危险物品的容器、运输工具，以及涉及人身安全、危险性较大的海洋石油开采特种设备和矿山井下特种设备未经具有专业资质的机构检测、检验合格，取得安全使用证或者安全标志，投入使用的；

（六）使用应当淘汰的危及生产安全的工艺、设备的。

二、《劳动法》

第一条 为了保护劳动者的合法权益，调整劳动关系，建立和维护适应社会主义市场经济的劳动制度，促进经济发展和社会进步，根据宪法，制定本法。

第二条 在中华人民共和国境内的企业、个体经济组织（以下统称用人单位）和与之形成劳动关系的劳动者，适用本法。

第三条 劳动者享有平等就业和选择职业的权利、取得劳动报酬的权利、休息休假的权利、获得劳动安全卫生保护的权利、接受职业技能培训的权利、享受社会保险和福利的权利、提请劳动争议处理的权利以及法律规定的其他劳动权利。

第五十二条 用人单位必须建立、健全劳动卫生制度，严格执行国家劳动安全卫生规程和标准，对劳动者进行劳动安全卫生教育，防止劳动过程中的事故，减少职业危害。

第五十三条 劳动安全卫生设施必须符合国家规定的标准。

第五十四条 用人单位必须为劳动者提供符合国家规定的劳动安全卫生条件和必要的劳动防护用品，对从事有职业危害作业的劳动者应当定期进行健康检查。

第五十五条 从事特种作业的劳动者必须经过专门培训并取得特种作业资格。

第五十六条 劳动者在劳动过程中必须严格遵守安全操作规程。

劳动者对用人单位管理人员违章指挥、强令冒险作业，有权拒绝执行；对危害生命安全和身体健康的行为，有权提出批评、检举和控告。

三、《职业病防治法》

第一条 为了预防、控制和消除职业病危害，防治职业病，保护劳动者健康及其相关权益，促进经济社会发展，根据宪法，制定本法。

第二条 本法适用于中华人民共和国领域内的职业病防治活动。

本法所称职业病，是指企业、事业单位和个体经济组织等用人单位的劳动者在职业活动中，因接触粉尘、放射性物质和其他有毒、有害因素而引起的疾病。

职业病的分类和目录由国务院卫生行政部门会同国务院安全生产监督管理部门、劳动保障行政部门制定、调整并公布。

第三条 职业病防治工作坚持预防为主、防治结合的方针，建立用人单位负责、行政机关监管、行业自律、职工参与和社会监督的机制，实行分类管理、综合治理。

第四条 劳动者依法享有职业卫生保护的权利。

用人单位应当为劳动者创造符合国家职业卫生标准和卫生要求的工作环境和条件，并采取措施保障劳动者获得职业卫生保护。

工会组织依法对职业病防治工作进行监督，维护劳动者的合法权益。用人单位制定或者修改有关职业病防治的规章制度，应当听取工会组织的意见。

第七条 用人单位必须依法参加工伤保险。

第十三条 任何单位和个人有权对违反本法的行为进行检举和控告。有关部门收到相关的检举和控告后，应当及时处理。

对防治职业病成绩显著的单位和个人，给予奖励。

国务院和县级以上地方人民政府劳动保障行政部门应当加强对工伤保险的监督管理，确保劳动者依法享受工伤保险待遇。

第二十条　国家对从事放射性、高毒、高危粉尘等作业实行特殊管理。具体管理办法由国务院制定。

第二十三条　用人单位必须采用有效的职业病防护设施，并为劳动者提供个人使用的职业病防护用品。

用人单位为劳动者个人提供的职业病防护用品必须符合防治职业病的要求；不符合要求的，不得使用。

第八十七条　本法下列用语的含义：

职业病危害，是指对从事职业活动的劳动者可能导致职业病的各种危害。职业病危害因素包括：职业活动中存在的各种有害的化学、物理、生物因素以及在作业过程中产生的其他职业有害因素。

职业禁忌，是指劳动者从事特定职业或者接触特定职业病危害因素时，比一般职业人群更易于遭受职业病危害和罹患职业病或者可能导致原有自身疾病病情加重，或者在从事作业过程中诱发可能导致对他人生命健康构成危险的疾病的个人特殊生理或者病理状态。

第八十八条　本法第二条规定的用人单位以外的单位，产生职业病危害的，其职业病防治活动可以参照本法执行。

劳务派遣用工单位应当履行本法规定的用人单位的义务。

中国人民解放军参照执行本法的办法，由国务院、中央军事委员会制定。

四、《工伤保险条例》

第一条　为了保障因工作遭受事故伤害或者患职业病的职工获得医疗救治和经济补偿，促进工伤预防和职业康复，分散用人单位的工伤风险，制定本条例。

第二条　中华人民共和国境内的各类企业、有雇工的个体工商户（以下称用人单位）应当依照本条例规定参加工伤保险，为本单位全部职工或者雇工（以下称职工）缴纳工伤保险费。

中华人民共和国境内的各类企业的职工和个体工商户的雇工，均有依照本条例的规定享受工伤保险待遇的权利。

有雇工的个体工商户参加工伤保险的具体步骤和实施办法，由省、自治区、直辖市人民政府规定。

第三条　工伤保险费的征缴按照《社会保险费征缴暂行条例》关于基本养老保险费、基本医疗保险费、失业保险费的征缴规定执行。

第四条　用人单位应当将参加工伤保险的有关情况在本单位内公示。

用人单位和职工应当遵守有关安全生产和职业病防治的法律法规，执行安全卫生规程和标准，预防工伤事故发生，避免和减少职业病危害。

职工发生工伤时，用人单位应当采取措施使工伤职工得到及时救治。

五、电力设备典型消防规程

1.0.1　为贯彻执行《中华人民共和国消防条例》和电力工业"安全第一"及消防工作"预防为主，防消结合"的方针，加强电力设备的消防工作，保障设备和人身安全，确保安全发供电，特制定本规程。

1.0.2　本规程适用于除核发电站以外的电力生产企业。电力工业的工程设计、安装施工亦应符合本规程的规定和要求，各工厂企业的电力用户可参照本规程执行。

3.0.1　防火重点部位是指火灾危险性大、发生火灾损失大、伤亡大、影响大（以下简称"四大"）的部位和场所，一般指燃料油罐区、控制室、调度室、通信机房、计算机房、档案室、锅炉燃油及制粉系统、汽轮机油系统、氢气系统及制氢站、变压器、电缆间及隧道、蓄电池室、易燃易爆物品存放场所以及各单位主管认定的其他部位和场所。

3.0.2 防火重点部位或场所应建立岗位防火责任制、消防管理制度和落实消防措施，并制定本部门或场所的灭火方案，做到定点、定人、定任务。

防火重点部位或场所应有明显标志，并在指定的地方悬挂特定的牌子，其主要内容是：防火重点部位或场所的名称及防火责任人。

3.0.3 防火重点部位或场所应建立防火检查制度。

防火检查制度应规定检查形式、内容、项目、周期和检查人。

防火检查应有组织、有计划，对检查结果应有记录，对发现的火险隐患应立案并限期整改。

3.0.4 防火重点部位或场所以及禁止明火区如需动火工作时，必须执行动火工作票制度（工作票格式见附录 A、B）。

3.0.4.1 动火级别。

各单位应根据火灾"四大"原则自行划分，一般分为二级。

（1）一级动火区，是指火灾危险性很大，发生火灾时后果很严重的部位或场所。

（2）二级动火区，是指一级动火区以外的所有防火重点部位或场所以及禁止明火区。

3.0.4.2 动火审批权限。

（1）一级动火工作票由申请动火部门负责人或技术负责人签发，厂（局）安监部门负责人、保卫（消防）部门负责人审核，厂（局）分管生产的领导或总工程师批准，必要时还应报当地公安消防部门批准。

（2）二级动火工作票由申请动火班组班长或班组技术员签发，厂（局）安监人员、保卫人员审核，动火部门负责人或技术负责人批准。

（3）一、二级动火工作票的签发人应考试合格，并经厂（局）分管领导或总工程师批准并书面公布。动火执行人应具备有关部门颁发的合格证。

3.0.4.3 动火的现场监护。

一、二级动火在首次动火时，各级审批人和动火工作票签发人均应到现场检查防火安全措施是否正确完备，测定可燃气体、易燃液体的可燃蒸汽含量或粉尘浓度是否合格，并在监护下作明火试验，确无问题后方可动火作业。

一级动火时，动火部门负责人或技术负责人、消防队人员应始终在现场监护。

二级动火时，动火部门应指定人员，并和消防队员或指定的义务消防员始终在现场监护。

一、二级动火工作在次日动火前必须重新检查防火安全措施并测定可燃气体、易燃液体的可燃蒸汽含量或粉尘浓度，合格方可重新动火。

一级动火工作的过程中，应每隔 2~4h 测定一次现场可燃性气体、易燃液体的可燃蒸汽含量或粉尘浓度是否合格，当发现不合格或异常升高时应立即停止动火，在未查明原因或排除险情前不得重新动火。

3.0.4.4 动火工作票中所列人员的安全责任。

（1）各级审批人员及工作票签发人应审查：

1）工作必要性；

2）工作是否安全；

3）工作票上所填安全措施是否正确完备。

（2）运行许可人应审查：

1）工作票所列安全措施是否正确完备，是否符合现场条件；

2）动火设备与运行设备是否确已隔绝；

3）向工作负责人交待运行所做的安全措施是否完善。

（3）工作负责人应负责：

1）正确安全地组织动火工作；

2）检修应做的安全措施并使其完善；

3）向有关人员布置动火工作，交待防火安全措施和进行安全教育；

4）始终监督现场动火工作；

5）办理动火工作票开工和终结；

6）动火工作间断、终结时检查现场无残留火种。

（4）消防监护人应负责：

1）动火现场配备必要的、足够的消防设施；

2）检查现场消防安全措施的完善和正确；

3）测定或指定专人测定动火部位或现场可燃性气体和可燃液体的可燃蒸汽含量或粉尘浓度符合安全要求；

4）始终监视现场动火作业的动态，发现失火及时扑救；

5）动火工作间断、终结时检查现场无残留火种。

（5）动火执行人职责：

1）动火前必须收到经审核批准且允许动火的动火工作票；

2）按本工种规定的防火安全要求做好安全措施；

3）全面了解动火工作任务和要求，并在规定的范围内执行动火；

4）动火工作间断、终结时清理并检查现场无残留火种。

（6）各级人员在发现防火安全措施不完善不正确时，或在动火工作过程中发现有危险或违反有关规定时，均有权立即停止动火工作，并报告上级防火责任人。

3.0.5 动火工作必须按照下列原则从严掌握。

（1）有条件拆下的构件，如油管、法兰等应拆下来移至安全场所；

（2）可以采用不动火的方法代替而同样能够达到效果时，尽量采用代替的方法处理；

（3）尽可能地把动火的时间和范围压缩到最低限度。

3.0.6 遇到下列情况之一时，严禁动火：① 油船、油车停靠的区域；② 压力容器或管道未泄压前；③ 存放易燃易爆物品的容器未清理干净前；④ 风力达5级以上的露天作业；⑤ 遇有火险异常情况未查明原因和消险前。

3.0.7 动火工作票要用钢笔或圆珠笔填写，应正确清楚，不得任意涂改，如有个别错、漏字需要修改时应字迹清楚。

动火工作票至少一式三份，一份由工作负责人收执；一份由动火执行人收执。动火工作终结后应将这二份工作票交还给动火工作票签发人。一级动火工作票应有一份保存在厂（局）安监部门。二级动火工作票应有一份保存在动火部门。若动火工作与运行有关时，还应多一份交运行人员收执。

3.0.8 动火工作票不得代替设备停复役手续或检修工作票。

3.0.9 动火工作在间断或终结时应清理现场，认真检查和消除残留火种。

动火工作需延期时必须重新履行动火工作票制度。

3.0.10 外单位来生产区内动火时，应由负责该项工作的本厂（局）人员，按火等级履行动火工作票制度。

3.0.11 动火工作票签发人不得兼任该项工作的工作负责人。动火工作负责人可以填写动火工作票。

动火工作票的审批人、消防监护人不得签发动火工作票。

六、防止电力生产事故二十五项重点要求及编制释义

1.5.1 电工、电（气）焊人员均属于特种作业人员，必须经

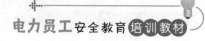

专业技能培训，取得《特种作业操作证》。电工作业、焊接与切割作业、除灰（焦）人员、热力作业人员必须经专业技术培训，符合上岗要求。

1.5.2　除焦作业人员必须穿好防烫伤的隔热工作服、工作鞋，戴好防烫伤手套、防护面罩和必需的安全工具。

　　电（气）焊作业人员必须穿好焊工工作服、焊工防护鞋，戴好工作帽、焊工手套，其中电焊必须戴好焊工面罩，气焊必须戴好防护眼镜。

1.5.4　电气焊作业面应铺设防火隔离毯，作业区下方设置警戒线并设专人看护，作业现场照明充足。